U0219711

陆妮 —— 编著

元宇宙进行时

数字时代的
青少年行动指南

中国轻工业出版社

图书在版编目（CIP）数据

元宇宙进行时：数字时代的青少年行动指南 / 陆妮编著. —北京：中国轻工业出版社，2022.10

ISBN 978-7-5184-4086-3

Ⅰ.①元… Ⅱ.①陆… Ⅲ.①互联网络—青少年读物 Ⅳ.① TP393.4−49

中国版本图书馆CIP数据核字（2022）第144074号

责任编辑：李　锋　孔佳文　　责任终审：简延荣

整体设计：董　雪　　　　　　责任校对：朱燕春　责任监印：张京华

出版发行：中国轻工业出版社（北京东长安街6号，邮编：100740）

印　　刷：北京顶佳世纪印刷有限公司

经　　销：各地新华书店

版　　次：2022年10月第1版第1次印刷

开　　本：787×1092　1/16　印张：12

字　　数：80千字

书　　号：ISBN 978-7-5184-4086-3　定价：68.00元

邮购电话：010-65241695

发行电话：010-85119835　传真：85113293

网　　址：http://www.chlip.com.cn

Email：club@chlip.com.cn

如发现图书残缺请与我社邮购联系调换

211638E3X101ZBW

推荐序一

亲爱的青少年朋友们：

你们好！当你翻开这本书时，一个元宇宙世界即将呈现在你的面前。这本书会带给大家哪些启发呢？我们应带着什么问题去与书中的人"交流"？也许，你有各种各样的疑问，这说明你是一个爱思考的少年。要知道，正是这些疑问，一直引领着人类不断探索、求真。

元宇宙（Metaverse）一词最早出现在 1982 年的科幻小说《雪崩》中。作者斯蒂芬森用"Meta"（超越）加上"verse"（代表宇宙 universe) 打造出了"Metaverse"（超越宇宙）概念。书中描绘了在网络中构建的、高拟真度的虚拟社区和虚拟世界形态，是个平行空间。这也让我们直接可以联想到科幻电影中那些以蒙太奇手段创造出来的虚拟数字世界。而当下我们提到的元宇宙到底是什么呢？又将给现实世界里的我们带来哪些思考？

今天，元宇宙的概念已不仅仅代表平行空间，它还包含了人类要创造数字世界的趋势和未来可能存在的一种社会形态。它的出现，让科技与生活更加密不可分了。这本书将为青少年朋友们讲述世界正在发生的变化，推开数字世界建设的大门，一起走进数字时代。

宇宙用亿万光年默默地叙述着过去和现在发生的一切。希望青少年朋友们可以从书中汲取营养，找到关于未来的答案。

清华大学未来实验室　郝强

2022 年 7 月于清华园

探索元宇宙

当古人第一次仰望星空时，人类对宇宙的探索就从未停息。随着科学技术的不断变革，人类文明的发展从原始时代过渡到农耕时代，又从工业时代逐步向数字（信息化）时代迈进。人类社会形态也发生了翻天覆地的变化。

"天何所沓？十二焉分？日月安属？列星安陈？"这是屈原对宇宙的发问。"日月之行，若出其中。星汉灿烂，若出其里。"这是曹操东临碣石，寄托壮志情怀。在工业文明之前，诗人们通过文字描写景物、抒发情感。那些流传千古的诗句，饱含了人们对宇宙最初的探索和想象。

当工业文明到来之时，尤其是照相机、摄影机的发明，为人类生活带来了全新的体验。人们开始通过影像记录所见，寄托所思。相比文字，图像以更直观的表达优势，影响着人们的生活，可谓一图胜千言。如果把我们生活的三维世界，"压扁"到一个图片中，许多连续的图片形成视频，各种带有情节的视频经过剪辑拼接，就有了电影艺术。电影的艺术感染力更直接、更具冲击力，受众的门槛更低，因此传播也就更广。这种传播能力和艺术感染力是诗歌和小说所难以达到的。

但遗憾的是，我们生活的三维世界，并不能直接在电影中表现出来。我们只是"观众"，是电影人物和情节的"旁观者"，我们看着银幕上人们的悲欢离合，自己却一直置身事外。

随着数字技术的发展，给了观众"走"进电影的可能性。我们不仅是"观众"，也是电影中的"角色"，甚至可以左右剧情。我们不止在银幕前，更是融入其中，观影的过程就是在"体验"别样人生。

这就是元宇宙——将人类的想象力一步步具象化、场景化，让人们沉浸其中，学习新知识、拥有新体验，甚至动手创造一个新世界。

诗歌、小说，都是早期的元宇宙形式，奇瑰的景象需要人们的想象力。电影、游戏是当下的元宇宙形式，虽然只是点点雏形。而未来的元宇宙，就要靠同学们去创造了。

元宇宙世界里可不仅仅有娱乐，它还是人类前所未有的学习方式的变革。正如航天员在空间站给同学们做物理实验一样，未来的元宇宙课堂，将以上天入地的场景切换，带领同学们探索世界、探求真理，真正实现"读万卷书，行万里路"。

元宇宙包罗万象的创造力，来源于人们无穷无尽的想象力。在元宇宙中，想象力就是生产力。每一个拥有天马行空想象力的青少年，都是元宇宙的主人——没错，就是你!

作为元宇宙的"原住民"，你们是M世代，也就是元宇宙世代(元宇宙的英文为Metaverse)。一代人有一代人的使命，M世代注定是元宇宙的参与者和建设者。未来在你们的手中，元宇宙必将谱写出新的文明。

《元宇宙》作者　赵国栋

2022年7月于北京石景山

大家好！我叫酷小天，一只勇敢且时髦的蜜獾（huān）。我天生执着、勇敢，遇到强大对手，从不轻易认输！

我的几位好朋友也跟我一样，遇到难题不会逃避，而是迎难而上，这就是我们的小倔强！为此，我们几个志趣相投的好伙伴，成立了一个为思考而发烧的"小天团"，我是形象官，是不是很酷！我们会想出各种办法，去探索那些不太容易明白的新事物，解决因为知识量不足带来的"成长烦恼"。

接下来，请"小天团"里的几位好朋友跟大家打个招呼吧！

大家好！我是菠菜！我今年11岁啦，正在上六年级。我性格有些内向，还有点儿马虎，但非常乐于助人。我喜欢恐龙和魔法，爱吃零食，爱玩游戏，也爱画动物。我常常有很多古怪想法，比如人与恐龙能不能共生？对访问宇宙其他星球也充满向往。很高兴认识大家！

大家好！我是小萱！我12岁，性格开朗，喜欢刻章、绘画、弹钢琴、读哲学书。爱吃、爱聊、爱和爸妈逛世界。最近我对科学很着迷，正在学习编程和机器人课程。希望我们能有机会成为好朋友！

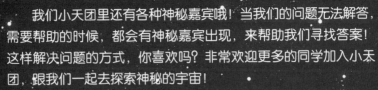

我们小天团里还有各种神秘嘉宾哦！当我们的问题无法解答，需要帮助的时候，都会有神秘嘉宾出现，来帮助我们寻找答案！这样解决问题的方式，你喜欢吗？非常欢迎更多的同学加入小天团，跟我们一起去探索神秘的宇宙！

同学们，探索之旅就要开始啦！我们的目标可不同寻常哦，它就是神秘的"元宇宙"。

大家好！我是邱小宝，今年上三年级。我是个乐天派，有时候爸爸也叫我小迷糊。我好奇心特别强，从宇宙到魔法，从医学术语到生僻字，我对一切神秘、复杂的东西都挺感兴趣。有跟我志趣相投的小朋友吗？

大家好！我是二毛，是团队中最小的，上小学二年级！我是个开朗阳光，时而想法有些天马行空的男生，喜欢绘画、音乐、看故事。我常常自己创造新奇玩具，有时会利用废物制作汽车模型，有时会用乐高积木搭建未来城市，有时还会用电脑做小游戏编程。欢迎大家跟我交朋友！

Contents 目录

第 一 章 21 世纪的盘古开天:

元宇宙的诞生

在大草原仰望浩瀚宇宙

盛夏的夜晚,草原上既宁静又喧闹。抬头可见的闪耀银河缓慢移动,而星空下的绿色世界仿佛已经进入梦乡。微风吹过草地,发出"沙沙"的轻响。小灯笼似的萤火虫飘忽闪烁,蛐蛐们争鸣歌唱,小天团的伙伴们正围坐在篝火旁,聊得热火朝天。

元宇宙到底是什么

元宇宙，英文名是 Metaverse，这个词最早出现在 1992 年出版的科幻小说《雪崩》（作者尼尔·斯蒂芬森）中。小说里有一个庞大的虚拟世界，人们为了交易以及满足各种生活需要，常往来于现实世界和虚拟世界元宇宙之间，并通过各自的"数字虚拟化身"进行交流、娱乐，并相互竞争。在原著中，元宇宙是由 Meta 和 verse 两个单词组成，Meta 表示超越，verse 代表宇宙 (universe)，合起来即为"超越宇宙"，它是一个平行于现实世界运行的人造空间。

关于"元宇宙"这个想法的来源，比较被公众认可的思想源头来自美国数学家和计算机专家弗诺·文奇教授，他在 1981 年出版的小说《真名实姓》中，奇妙地构思了一个通过脑机接口进入并获得感官体验的虚拟世界。我们看过的电影《阿凡达》《黑客帝国》里，讲的也是这种类型的故事。

在中国，早在 30 多年前，著名科学家钱学森先生就对 VR（虚拟现实）技术有过展望，并为其起了一个很特别的名字——"灵境"。钱老先生还强调："我特别喜欢'灵境'，中国味特浓。"

"灵境"这个名字真有意思，仙气飘飘的，直接让我想起了《西游记》里的天宫！

 天宫现在不是也在天上了吗？我们的"天宫号"空间站，多厉害！

 小天，现在大家经常说的元宇宙到底是什么呢？像科幻小说里描述的那样吗？

 科幻作品仅提出了"元宇宙"的概念。即使到了今天，元宇宙其实也还没有一个统一的、精准的定义。而且，对不同身份的人来说，元宇宙的意义是不一样的！

对科学家而言，元宇宙是多种科技融合创新的成果。科学家们多年研究的课题和技术，在元宇宙阶段，有了更多被应用的可能。对企业家来说，元宇宙是科技进步带来的新商机，会带来很多衍生的服务项目和盈利机会。对我们来说，这个概念可能又不一样，你们觉得呢？

 听起来，很像超级游乐场啊！

 我们先了解一下不同行业的专家们对于元宇宙的看法吧！

马修·鲍尔先生关注的是在元宇宙里，人们互动、交流、买卖等行为的可操作性是不是可以实现。

元宇宙必须提供"前所未有的互操作性"，用户必须能将他们的化身和商品从元宇宙中的一个地方带到另一个地方，无论是谁在运行元宇宙的特定部分。
——风险投资专家马修·鲍尔（Matthew Ball）

 "化身"是指我们自己的形象吗？

应该就是指我们自己在元宇宙里的分身。小天，"无论谁在运行元宇宙的特定部分"是指什么啊？

元宇宙将是个大综合体，会有很多企业或机构提供支持和服务，并在元宇宙中完成技术融合，这样我们才能在元宇宙里获得更好的体验。就像你去买冰激凌没有带现金，但是你可以拿手机扫码支付。这个过程看似简单，却是冰激凌商家和提供扫码支付功能的企业开展合作才能带来的便利！元宇宙里的各类机构，也需要展开这类的合作。

短短几个字，竟然有这么多意思啊！

　　元宇宙是整合多种新技术而产生的新型虚实相融的互联网应用和社会形态，它基于扩展现实技术提供沉浸式体验，以及数字孪生技术生成现实世界的镜像，通过区块链技术搭建经济体系，将虚拟世界与现实世界在经济系统、社交系统、身份系统上密切融合，并且允许每个用户进行内容生产和编辑。

——清华大学新闻学院
沈阳教授

沈阳教授把现阶段我们对元宇宙的认识，进行了高度概括和总结。他认为，在各种科技的加持下，元宇宙既是一种全新形式的互联网应用，也是人们生活在虚实融合世界中的一种社会形态，同时我们每个人都可以参与建设这个数字世界。

虚实融合的社会形态，就是那种如科幻片里一样的场景吧？我们带上特殊眼镜，就能看到各种数据吗？

很有可能是这样，媒体曾报道过，现在很多企业已经在研发这种功能的眼镜了。

 游戏公司 Roblox（罗布乐思）因将元宇宙作为长期发展目标，并写入其招股书中，而被称为元宇宙第一股。它提到，有些人把我们的范畴称为"元宇宙"，这个术语通常用来描述虚拟宇宙中持久的、共享的三维虚拟空间。随着越来越强大的计算设备、云计算和高带宽互联网链接的相继出现，"元宇宙"将逐步变为现实。Roblox 提出了元宇宙的八个关键特征：身份、朋友、沉浸感、低延时、多样性、随地、经济、文明。

 Roblox 是第一家尝试描述元宇宙特征的商业公司，这跟他们作为游戏制作企业的工作背景密不可分。游戏是元宇宙的雏形，在游戏数字空间里，人们初步探索出数字世界和数字社会运行的各类规则，这在很大程度上推动了元宇宙的发展。可以说，他们对元宇宙的定义，来自多年游戏运营的实践经验。

还有一些学者通过对元宇宙构思概念的"考古"，从时空性、真实性、独立性、连接性四个方面去交叉定义元宇宙。

- 从时空性来看，元宇宙是一个空间维度上虚拟而时间维度上真实的数字世界。
- 从真实性来看，元宇宙中既有现实世界的数字化复制物，也有虚拟世界的创造。
- 从独立性来看，元宇宙是一个与外部真实世界既紧密相连，又高度独立的空间。
- 从连接性来看，元宇宙是一个把网络、硬件终端和用户囊括进来的一个永续的、广覆盖的VR系统。

"空间维度上虚拟而时间维度上真实"，学者们看元宇宙的角度，真有点儿烧脑！

 虽然创造了虚拟空间，但是这个虚拟空间的发展，目前仍然要依赖于现实世界真实时间的流逝。

 正是这样，时间永远是宝贵而稀缺的，因为生命只有一次！关于元宇宙真实性、独立性和连接性方面的内容，我们会在后面陆续讲到。对于元宇宙的展望，我对赵国栋老师的说法印象非常深刻，分享给大家。

在我看来，元宇宙可以用五个短语来概括：自由自在的创造、自然而然的交流、随时随地的交易、亦真亦幻的体验、亦实亦虚的场景。

——中关村大数据产业联盟秘书长、
《元宇宙》作者赵国栋

 这个说法很亲切，隐隐感觉元宇宙是个非常温暖而舒适的地方呢。

 我之前还看到过一个说法，说元宇宙这件事，起自学术，终及国家。虽然我还没搞明白，但我觉得建设好元宇宙似乎很重要！我想我们很有必要好好了解一下元宇宙了！

 让我们从小伙伴们容易理解的角度，尝试着描述一下元宇宙吧！

对于我们来说，元宇宙的定义是"奇妙"！

世界飞速发展，元宇宙对青少年来说，注定是个无限的探索空间！

当我们开始考虑"什么是元宇宙，如何建设元宇宙"时，一次伟大的思想实验其实就已经开始啦！数字化我们的世界，就等于赋予了我们重新构建这个世界的视角。

对呀，我可能就会开始思考一个城市面积多大？道路如何分布？交通如何优化这些问题啦！

我可能会想问问，大自然里到底有多少种动物？是不是能把恐龙复活？

我要算算，如果做个太阳系，需要造多少颗星球，哈哈！

对呀！当你想数字化复制一个我们的世界，以建造者的角度提问时，你已经是一个小小造物主了！由此，开启了属于你的奇妙世界！你提出的每一个问题，答案都有具体的意义，并成为你建造元宇宙数字世界的解决方案！

厉害啦！这真是想象力有多大，世界就有多大！

烧脑时刻

思考一下
元宇宙对你来说，到底是什么？

元宇宙，不是纯粹的虚拟空间

 近期，各行各业都对元宇宙进行定义和联想，那些说元宇宙要替代现实世界的说法，其实是不准确的。从元宇宙虚实融合的各项技术来看，元宇宙并不会替代现实世界，而是虚实融合出了一个变大了的新世界！

互联网上的数字世界，并不是虚空的数据，它早已经与我们每天的生活深度融合关联，我们的生活也由此发生了很多的变化。

 对啊，我们现在去网络书店买书，去网站云游博物馆，这些其实都算是数字世界吧？

 我找不到路时，手机地图导航不仅能给我指明路线，还能以"实景＋箭头"的方式带我到达目的地。

 正是这样！这些高效工具以数字的形态存在，并成为我们生活中必不可少的好帮手。我们并没有刻意区分它们到底存在于数字世界还是现实世界。这些数字产品一点点渗透到生活中，我们往往身处其中而不自知。隔一段时间回头再看，又常常惊喜于新变化——原来我们已经进入数字世界很久了！

 一个真实宇宙，叠加一个人类用智慧和双手打造出来的元宇宙，这样看，世界确实是变大了！

 元宇宙将会是一个全新的世界形态。在空间上，既是数字虚拟空间，同时也将关联着我们的现实世界。我们在数字虚拟空间里可以上课、开班会，我们也可以在数字虚拟空间里看电影、逛公园。

 对！这些内容本就来源于我们的生活。元宇宙里也会有学校吧？

 菠菜，如果这个数字虚拟学校由你来负责建造，你会把这个项目做成什么样子呢？

 我会参考我们学校，但一定会取长补短，充分发挥出菠菜设计师的实力！

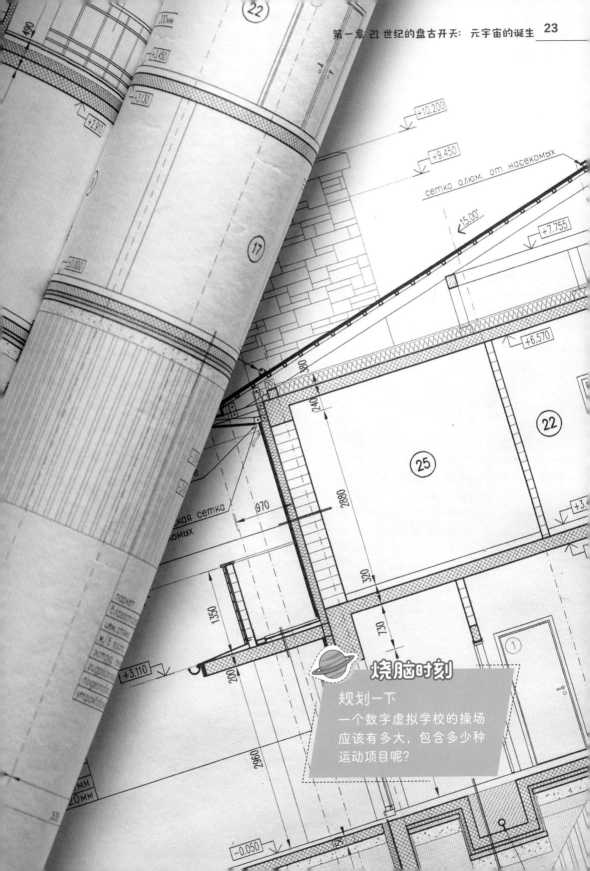

烧脑时刻

规划一下

一个数字虚拟学校的操场应该有多大，包含多少种运动项目呢？

元宇宙，可能会有点儿好看

 法国文豪福楼拜曾说，"科学与艺术，总是在山脚分手，又在山顶相遇。"你们觉得，在元宇宙里，科学和艺术是不是一定会相遇呢？

 总觉得元宇宙是科学与艺术碰撞出的色彩斑斓的空间。

 元宇宙空间的沉浸式体验，强调的是全面感官体验，这包含了视觉、听觉、触觉等。而人类本就偏爱视觉化的信息，因为人脑处理图像的速度远超过处理文字，正所谓"一图胜千言"。

 我们确实更喜欢看图片，觉得很多事情用图片去说明，大家都更容易明白。

 多年来，数据可视化一直在不断演进，作为一种信息交流的形式，它可以把相对复杂、抽象的数据，通过图像的形式展示出来。未来，元宇宙里各类复杂的信息，必将以这种高效的方式进行传递。而"好看"的元宇宙，则包含轻松易懂的意思，学者们把这称为"认知减负、传递赋能"。其宗旨必然是简化数据以及帮助用户决策，这是科技推进人类进步的实例。

 嗯，容易懂的事情，可以帮助我们快速做决定！

元宇宙的另一种"好看"，则是元宇宙内容制作大爆发带来的福利。大量的艺术家、创作者加入元宇宙的创作之中，由此为用户带来更多现实世界无法获得的美好体验。中国先秦时期的一本奇书《山海经》，让我们领会到人类以超凡的想象力描绘各种奇珍异像。步入元宇宙时代，人类的想象力会不会迎来新的大爆发呢？简直不敢想象我们会看到什么！怎么样，你开始期待了吗？

正确看待元宇宙正在经历的发展和变化

我的数字世界好友梅涩甜曾说："亲爱的人类朋友们，你们越是要实现元宇宙，就越要给它祛魅，而不是把它吹得神乎其神，对吗？"我特别认同她的想法。

客观来看，元宇宙的开启，既是阶段性终点，也是新的起点。

近年来，5G、人工智能、大数据等新概念新名词相继涌现，但人们的生活并没发生太大的变化，各领域的技术逐渐发展，这段时期，我们称之为技术力量的积蓄阶段。当各项科技日趋成熟时，你们说会发生什么呢？

烧脑时刻

构思一下

你想为自己创造一只元宇宙宠物吗？等等，先确定它有几条腿……

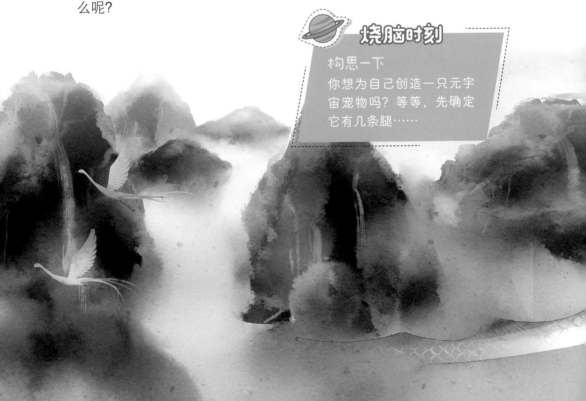

会发生……难道元宇宙即将实现？它是各项科技发展的成果吗？

 元宇宙是人类各项科技融合发展的一个阶段性成果。互联网、大数据、区块链、云计算……各领域学科不断进化、发展，以融合的创新形态生成了元宇宙诞生的基础。这是科技发展的阶段性终点和升维性胜利，这也是下一个发展周期的新开端。

 大家对元宇宙和未来的看法各抒己见。有人觉得好，有人觉得不妙！

 《三体》的作者刘慈欣先生认为，人类面前有两条路。一条向外，通往星辰大海；一条向内，通往虚拟现实。

 大家认为"向外"就是"飞船派"，志在探索广袤的宇宙，"向内"就是"元宇宙派"。元宇宙极具诱惑，容易沉迷其中。

目前对元宇宙会带来怎样的未来，确实存在不同的意见。但其实"向内"或"向外"并不矛盾，或许争论的本身，是因为还没有看清元宇宙的本质。元宇宙的发展，因其未知而令人着迷。我想元宇宙一旦形成，就会有自我调整和演进的驱动力。而我们每个人，都将有机会成为推动元宇宙重要变革和迭代的见证人和参与者！

烧脑时刻

思考一下
元宇宙的建设对人类探索
外太空，是否有所帮助？

元宇宙发展大事记

2021 年是元宇宙元年。"元宇宙"这个新名词，霸占了各大媒体的头条。全球的巨头商业公司纷纷布局元宇宙。很多专家认为元宇宙可能会重塑当今世界的数字经济生态，对世界的发展产生深远影响。

真没想到，原来元宇宙起于"在线聊天"呀！

美国数学家和计算机专家弗诺·文奇教授出版小说《真名实姓》，奇妙地构思了一个通过脑机接口进入并获得感官体验的虚拟世界。

怪不得大家都说游戏是元宇宙的早期萌芽呢！

尼尔·斯蒂芬森首次在小说《雪崩》中明确提出"元宇宙"和"化身"的概念，"元宇宙"正式浮出水面。

1979年

1981年

1986年

1992年

第一个 MUD（多用户网络游戏）出现，是全球首个文字交互式的开放世界，奠定了多用户线上实时社交的基础平台。

一个科学概念就这样从科幻小说中诞生了！

世界上第一个二维图形界面的多人游戏 Habitat（《栖息地》）上线。在这个游戏里，人类首次使用化身进入虚拟世界。

在这里！在这里！"元宇宙"第一次出现了！这个名字起得有点儿厉害。看来"想当科学家"，我们也要好好学语文才行！

市场教育初步完成，各大商业巨头的入场将为用户带来丰富的元宇宙产品，并助推元宇宙内容制作行业的爆发。接下来会发生什么，让我们拭目以待！

在新冠肺炎疫情隔离政策的限制下，全球的线上沟通需求大幅增加。线上线下打通的发展需要，促进扩展现实、数字孪生、区块链等新兴技术加速成熟，元宇宙的发展进入爆发期。

这些设备好像越来越厉害了，我好想试试！

行业进入低谷期，主要原因是技术发展仍处于初级沉淀阶段。

2021年

2020年

2019年

2017—2018年

2021 年 VR 设备全球出货量超1000 万，成为 VR/AR"产业规模化元年"。脸书更名为 Meta，彻底引爆元宇宙。5G/6G 通信的发展，互联网的迭代，人工智能再升级等，丰硕的科技成果向人类展现出构建与传统物理世界平行的虚拟数字世界的可能性。

线上生活已经成为我们日常生活的一部分了！

脸书公司发布全新的 VR 社交 平 台 Facebook Horizon（脸书地平线），并开售高端 VR 一体机 Oculus Quest（眼界探索）。同时，随着 VR/AR 技术持续进步、5G 的推广等，行业跨越低谷，开始复苏。

这几年的技术没有突破性进展，生产的内容也不够丰富。

为什么元宇宙是从 2021 年开始的呢？有什么原因吗？

万事发展皆有轨迹，让我们一起来看看元宇宙的"发迹史"吧。

烧脑时刻

说了这么多，想不想去元宇宙里获得沉浸式体验呢？

这个模式大家一定不陌生，看看手机里的微博、抖音、小红书吧！

Active Worlds（《活跃世界》），基于小说《雪崩》创作，以创造一个元宇宙为目标，提供了基本的内容工具来改造虚拟环境。

这个有点儿酷，人类开始在游戏里建造世界了。

2003 年

1994 年

1995 年

元宇宙游戏平台里，用户开始自己制作数字内容了。

Web World（《网络世界》），第一个轴测图界面的多人社交游戏，用户可以实时聊天、旅行、改造游戏世界，开启游戏中的 UGC（用户参与内容制作）模式。

数字世界，从二维向三维立体进化啦！制作元宇宙世界的工具出现了。

游戏开发商 Linden Lab（林登实验室）设计了虚拟世界《第二人生》，该游戏拥有强大的世界编辑功能与发达的虚拟经济系统，人们可以在其中社交、购物、建造、经商。

2006 年

我妈妈一直都想试试这个游戏！她说有个明星在这个游戏里办了一场演唱会，有 2 千多万人在线观看。

罗布乐思（Roblox）公司发布了同名游戏，这是一款可以同时兼容虚拟世界、休闲游戏和用户自建内容的游戏，并成为世界顶级的多人在线游戏平台。

2017 年

市场热度达到阶段性高点。

2014 年

ortnite（堡垒之夜）是一款第三称射击游戏，因特殊的玩法与种联动彩蛋而在国外有着极高知名度，已成为现象级游戏。

2015—2016 年

行业开始发展：脸书、微软、索尼、三星等公司入局。

汇集了这么多商业大品牌啊！

第二章

如火如荼的
元宇宙建设

在首都北京感受时代发展

北京是中国的首都，更是中国重要的科技创新中心。这里有大量的国家级科技创新机构、知名高校和创新型企业，它们在国家科技创新战略中承担着科研先锋的作用。坐落在奥林匹克公园旁的中国科学技术馆，则是专为小朋友们准备的一个探索科技奥秘的地方。小天团的成员们来到科技馆外巨大的金属圆球下，金属球上能看到北京城市反射进去的映像！

元宇宙离我们还有多远

 未来元宇宙里还需要手机吗？会不会大脑想到朋友的名字，就可以开始通话了呢？

 未来元宇宙里，我们都得有自己的虚拟空间吧？

 你们的疑问让我想到了另一个问题——为什么提起元宇宙，大家会不自觉带上"未来"两个字呢？你们是在预测未来吗？其实元宇宙已经开始了！我们可以通过梳理元宇宙行业的发展现状，了解行业专家们对元宇宙发展趋势的看法，做出预测和判断。

从互联网到大数据，从区块链到元宇宙，每一步发展和建设都是循序渐进的。为了让元宇宙更早地成熟应用起来，离不开基础设施和各项技术的建造和发展。

 那第一步到底应该做什么呢？

 首先要做好基础建设，就像我们使用智能手机的过程一样，第一步并不是制作一部高级的手机，而是建设通信基站，促使移动互联网技术的发展等。

 哦，我明白了。因为网速快了，手机的性能升级了，所以我们手机里的软件也越来越多，生活也因此变得更方便。

 正是如此。元宇宙初期还没有出现突破性的强大应用和产品，但近年来，全球上网人数、线上经济规模、人均上网时间等都在大幅增长。世界各国竞相制定数字经济发展战略，数字经济发展速度之快、辐射范围之广、影响程度之深前所未有，正在成为重组全球资源要素、重塑全球经济结构、改变全球竞争格局的关键力量。

烧脑时刻

专家预测，我们距离一个成熟的元宇宙时代大概还有 50 年的时间。你觉得这个时间还能缩短吗？预想一下 10 年后的世界，会是什么样子？

对于元宇宙的发展预期，不同行业的专家从不同的角度进行了分析和预测。

从发展进程上讲，我们可以将元宇宙的发展划分为三个阶段：初始探索阶段、应用设备及相关内容升级阶段、成熟应用阶段。目前我们正处于第一阶段，即初始探索阶段。

从内容建设上讲，元宇宙的建设可以划分为数字孪生、虚拟原生、虚实融生三个阶段。

从平台建设进程上讲，元宇宙的建设可以划分为多平台阶段（未来 10 年时间）、平台融合阶段（持续10~50 年）、完全元宇宙时代（还需 50 年以上）。

当然，这些新生事物既给世界带来无限期待，也会给现实生活带来诸多挑战。有一些专家表示，由于元宇宙的发展仍存未知因素，因此对于此类前沿新生事物，各国政府也在持续关注着元宇宙对国家间竞争产生的战略影响，以及其对本国国内政治及社会各领域的潜在影响。

建设中的元宇宙

 科技就像一个孩子，有其成长的过程。我们正在讲解的元宇宙，还是位小朋友！甚至更准确地说，今天的元宇宙还是一个小宝宝。这个小宝宝究竟应该如何长大呢？

 小天，元宇宙建设进程是怎么样的呢？

 元宇宙是个全新的、复杂的生态系统，是伟大技术和工程创新的总合。处于初级发展阶段的元宇宙，正将现有的数字服务及数字经济与元宇宙概念嫁接，尝试创造出一些具有探索性的应用和产品。多种前沿技术、尖端科技都正在合力加快建设进程，促成创新。高速网络信息技术（5G/6G）、智能数据中心及云计算平台、人工智能技术，VR 终端设备技术等，这些都是元宇宙初步实现的基础和拐点。

元宇宙的建设进程：
- 正在引发信息科学、量子科学，数学和生命科学的互动，改变科学范式。
- 正在推动传统的哲学、社会学甚至人文科学体系的发展。
- 正在囊括所有的数字技术，包括区块链的技术成就。
- 正在丰富数字经济转型模式，融合出 一系列数字金融成果。

 听起来好抽象啊，能不能说得具体一 些呢？

 好的,我来分享一下我的看法。

在线游戏，正在助力元宇宙发展

作为学生，我们常常被告知要少玩游戏，不玩游戏。师长们给我们这些忠告，是希望我们把控好时间，避免对游戏过度沉迷。不过，教育工作者们早已经充分地将游戏的教育价值，应用在各类的日常教学中，也就是寓教于乐。这一次，游戏的教育价值再次为元宇宙建设做出了贡献，成为元宇宙的"敲门砖"，可以高效地让人们了解元宇宙的科普场景。

目前，元宇宙的应用体现得最显著的领域之一是在线游戏。从 1979 年的 MUD（多用户网络游戏）到 2003 年的《第二人生》、2004 年上线的《魔兽世界》、2016 年的《精灵宝可梦 GO》均具有一定程度的元宇宙要素。这些游戏在不断扩大用户自由度的同时，已经尝试运用 AR（增强现实）技术与现实世界融合。世界改造、经济交易、开放式空间等原本属于现实世界的活动，被应用到越来越多的虚拟游戏中，成了在线游戏当前的"基本要求"。在游戏中，我们每个人都可以像造物主一样设置规则。

当然，大多数传统游戏还是在固定场景下、按照固定游戏规则完成指定任务的"定向性游戏"，内容包括竞技攻关、打怪升级、解锁剧情、推理解谜等，即便有玩家互动，也是以完成任务为核心互动联结。但着眼于架构"元宇宙"的游戏，则非常不一样。这些游戏属于更注重高交互性和高自由度的"自由散漫、自发生长性游戏"，即只设计游戏世界的基础规则，不指定任务、不规定玩法、不限定社交，任何玩家都能实现相当程度的自由，在游戏世界里可以随意创作。《我的世界》《罗布乐思》《动物森友会》这几款较为成功的元宇宙游戏，都是这个类型。其所代表的应用模式或为未来的元宇宙系统开发提供参考。

小天，我认为你说得非常对，好游戏确实可以锻炼人。我们有一门编程课就是在《我的世界》里上课，上课时我们可以自由地在游戏空间里面建设自己的房子，我特别喜欢玩。不过为了保护眼睛，我一直控制玩游戏的时间。

🪐 **烧脑时刻**

如果在游戏里给你一个自由空间，让你自由创造，你想做些什么呢？

5G/6G，打通与元宇宙的超级连接

 小天，如果没有网络，那还会有元宇宙吗？

 小宝，你提了一个很重要的问题。网络对于元宇宙太重要了，以至于很多元宇宙的建设者们，没有认真地去思考这个必要条件！今天就让我们再强调一下这个问题吧，因为元宇宙是个高纯度的数字网络世界，经由网络来提供大量的信息和丰富的体验资源。没有网络，可就什么都没有了！网络扮演非常重要的角色，你们能说出其中的原因吗？

 比如当我们要用 VR 眼镜参观科技馆时，网速很慢的话，画面会不会就像手机看视频遇到信号不好时那样，停顿或是卡住了。

 跟这种情况很类似。更高的分辨率和帧数，是我们体验元宇宙沉浸感的技术前提，而这就需要超高速、顺畅的网络服务。现阶段 5G 才可以满足连接需要，原来的 4G 技术已经面临出局。同时，5G 技术还可以满足远程渲染的需求，减少延迟时间。延迟时间即数据在源头和目的地之间传输所需的时间。延迟直接影响每秒传输帧数。帧率越高，体验越好，60FPS 到 90FPS 被认为是元宇宙中的舒适标准。

 每秒传输帧数（Frames Per Second，简称 FPS），是指画面每秒传输的帧数，也就是动画或视频的画面数，帧数越高，画面越流畅。大家常见的电影为 24FPS，也就是每秒 24 帧。

 5G 网络比 4G 快很多，未来 6G 网络是不是要比 5G 更快呢？

5G 网络的关键能力指标可按照场景划分为移动互联网类型和物联网应用类型。相较于 4G 网络，5G 网络具有"质"的飞跃。在移动互联网场景中，用户体验速率提升至少 10 倍以上。比如，用户可以随时随地在线观看高清视频，即使在高密度人群中也同样不受影响；而物联网应用场景中，物与物之间的连接数量大幅提升，可支持在更高移动速度下使用，时延效果达到 1 毫秒（1 毫秒 =0.001 秒）级别，终端能够及时做出反应动作。这会让智能汽车自动驾驶的功能更具安全性。而 6G 技术的研发和应用，又将是针对 5G 网络的一次大升级！

2019 年，科技部已经宣布我国正式启动 6G 研发工作。"星地一体融合网络""空天地一体化无缝覆盖"，这是《6G 总体愿景与潜在关键技术白皮书》中描述的场景。6G 网络将是一个地面无线与卫星通信集成的全连接世界。通过将卫星通信整合到 6G 网络，实现全球无缝覆盖，网络信号能够抵达任何一个偏远的乡村。白皮书预计 6G 在 2030 年实现商用，可实现从"万物互联"到"万物智联"的飞跃，推动人类进入一个数字孪生、万物智联的元宇宙全新时代。

星地一体，听起来真有科幻大片的感觉！

我们国家的基础建设真是让人赞叹！这些就是刚刚说到的元宇宙建设的基础设施吧！

5G 时代的开启是万物互联时代和元宇宙建设的起始点。5G 正渗透到经济社会的各行业领域，成为支撑经济社会数字化、网络化、智能化转型的关键，这些都是元宇宙建设的技术要素。5G 也是人与物、物与物通信问题的解决方案。目前，我国已建成全球最大规模光纤和移动通信网络。截至 2021 年底，我国累计建成并开通 5G 基站 142.5 万个，是全球规模最大、技术最先进的 5G 独立组网网络。我国 5G 终端用户突破 4 亿，是全球最大的用户群体。你们知道有哪些地方需要 5G 网络的支持吗？

我想来想去，发现脑子里只有自动驾驶汽车，看来对这方面的知识，还不够了解。

现阶段，我们生活中的方方面面，能看到的或是看不到的很多地方都需要 5G 网络的支持，比如制造业领域、车联网与自动驾驶、能源领域、教育领域、医疗领域、文旅领域、智慧城市领域、信息消费领域、金融领域等有物联网应用需求的地方，都需要 5G 技术来解决移动通信网络的问题。

烧脑时刻

星地一体融合网络，会是怎样的场景？你能尝试着画出心中的预想场景吗？

 **科普小剧场** | 什么是 5G，6G 又是什么？

5G 是指第五代移动通信技术，5G 是其英文 "5th Generation Mobile Communication Technology" 的简称。5G 技术是具有高速率、低时延和大连接特点的新一代宽带移动通信技术，是实现人、机、物互联的网络基础设施。

5G 首先要解决人与人通信的问题，并为用户提供 AR、VR、超高清（3D）视频等更加身临其境的体验。5G 的用户体验速率达 1Gbps（Gbps 是交换机数据交换能力的单位，也叫交换带宽，传输速度为每秒 1000 兆位），时延低至 1 毫秒，用户连接能力达 100 万连接／平方千米。实际使用中，一个 3GB 大小的视频文件，5G 网络下仅需半分钟就能下载完成。

6G 是指第六代移动通信技术，6G 是其英文 "6th Generation Mobile Communication Technology" 的简称。目前 6G 仍处于开发阶段，6G 的数据传输速率可能达到 5G 的 50~100 倍，网络延迟也可能从毫秒降到微秒级，在峰值速率、时延、流量密度、连接数密度、移动性、频谱效率、定位能力等方面实现跨越式升级。

云计算，打造元宇宙的强算力支撑

 "云"，是一个神奇的词汇。很多事物与云相连接以后，一来自带自然界彩云漫天的美感，二来也有大自然里重云压顶的气势！

 小天，云还有可分、可聚、千变万化的特点。

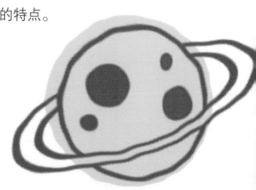

互联网里飘来的这朵云，是打造元宇宙强大算力的基础支撑。可以说，如果没有云计算，元宇宙也是实现不了的。云计算是元宇宙沉浸感、超低延时、3D 内容的呈现、虚实结合的沉浸体验的重要支撑，是以上技术的大底座，是未来元宇宙规模发展的基石。

云计算不是新技术吧，我以前好像就听别人讲过呢？

在元宇宙概念为人熟知之前，云计算的发展就已经有了重大进步。由于新冠肺炎疫情在全球范围内的持续蔓延，加速了数字化的进程，2021年成了公认的云计算领域变革性的一年。

为什么元宇宙离不开云计算呢？

因为元宇宙本身需要计算、存储、机器学习等，这些都离不开云计算。比如 VR 设备，一般是用 SoC 系统，其 CPU 和 GPU 算力都是有限的，玩一些小游戏还可以。遇到大型游戏和元宇宙大空间渲染时，算力可就捉襟见肘了；开发者使用引擎创作内容时，大场景的渲染需要云计算的算力来缩短时间；数字人的自然语音处理、图像识别、推理训练，也都需要大量的 GPU（图形处理器）来完成。最终以上各个环节需求的算力都将落地到云计算上。

听说我们国家的云计算发展也是很超前的！

你说得很对！我国"十四五"规划中将"加快数字化发展,建设数字中国"列为重要发展战略。云计算作为企业数字化转型的核心领域，也受到国家及地方政策的大力支持。中国的数字政府建设取得了显著成绩。近年来，中国政务信息化的国际排名一直在快速稳步上升。而数字政府又与中国的城市化发展息息相关。2021 年，上海和北京两大城市的GDP（国内生产总值）都超过了 4 万亿元，与纽约、东京、洛杉矶、伦敦等处于同一阵营，领先于瑞典、以色列、新加坡等诸多经济体。这为中国云服务商们提供了独一无二的应用场景。

在技术层面，过去十多年中国云厂商一直在模仿国际互联网巨头的云计算模式，这在中国云计算发展的初期是正确的选择。自2017年以后，中国逐渐走出有自身特色的云计算之路，而不再是单纯对标海外云服务商，中国互联网产业走出了自己的节奏。云计算的贡献之一就是以"双11"为代表的中国消费节达到了全球前所未有的规模，带动了物流、零售、金融、服务等一系列产业巨变。此外疫情防控期间，大家最常用的健康码，也是云计算的"杰作"。

健康码原来也是云计算呀！

科普小剧场

什么是云计算，什么又是分布式计算呢？

　　云计算（Cloud Computing）是一种分布式计算的科学术语。是指通过网络"云"将巨大的数据计算处理程序分解成无数个小程序，然后通过多部服务器组成的系统处理和分析这些小程序得到结果，并把分析结果返回给用户。云计算的核心概念就是以互联网为依托，提供快速且安全的云计算服务与数据存储，让每一个互联网用户都可以使用网络上的庞大计算资源与数据中心。可以说云计算不是一种全新的网络技术，而是一种全新的网络应用概念。

　　云计算早期，就是简单的分布式计算，解决任务分发并进行计算结果的合并。因此，云计算又称为网格计算。通过这项技术，可以在很短的时间内（几秒钟）完成对海量数据的处理。现阶段，云计算已经不仅是一种分布式计算，

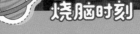

烧脑时刻

云计算支持的健康码，是中国新冠疫情防控的好帮手。你还知道云计算都被应用在哪些地方了吗？

而是分布式计算、效用计算、负载均衡、并行计算、网络存储、热备份冗杂和虚拟化等计算机技术融合发展并实现突破的结果。简单说，云就是一个提供资源服务的网络，使用者可以付费使用云上几乎无限扩展的计算资源，非常便捷。这种便捷是通过聚集多方面计算资源，通过软件自动管理，快速提供服务实现的。

分布式计算，是利用互联网上的计算机的中央处理器闲置处理能力来解决大型计算问题的一种计算科学，这种计算方法和集中式计算是相对的。随着计算技术的发展，有些应用需要非常强大的计算能力才能完成，如果采用集中式计算，需要耗费相当长的时间。分布式计算则能将该应用分解成许多小的部分，分配给多台计算机进行处理，以此节约整体计算时间，提高计算效率。

这是不是就像我们在学校打扫教室。如果一个同学打扫，就要做很久。但是如果一组同学一起分工打扫，就能很快把教室打扫干净。原来在计算机的世界，也可以分工合作呀！

菠菜，确实是这样。共享稀有资源和平衡负载就是计算机分布式计算的核心思想之一。最近，世界各地成千上万位志愿者计算机的闲置计算能力，被分布式计算项目统一运用起来，这些算力被用于分析来自外太空的电讯号，寻找隐蔽的黑洞并探索可能存在的外星智慧生命；算力也可以寻找并发现对抗艾滋病病毒更为有效的药物。这些项目都很庞大，需要惊人的计算量，仅仅由单个电脑或是个人在短时间内完成计算是绝不可能的。这种分工合作，意义重大！

人工智能，助力元宇宙协同发展

人工智能，也就是 AI，是英文 Artificial Intelligence 的字母缩写。我们在电影、故事书里经常看到。现在，这个名词不仅频繁出现在新闻报道里，也真实地出现在我们的日常生活中啦！在我没介绍之前，你们能举出几个简单的例子吗？

手机里的语音助手算是人工智能吗？我小时候，经常会跟手机助手聊天。

很多汽车现在都有自动驾驶功能啦！

下围棋比世界冠军还厉害那个阿尔法狗机器人！

AlphaGo

 你们说得都对！这些都是人工智能技术的具体应用。人工智能技术作为元宇宙支撑技术之一，可以大幅度地提升元宇宙相关应用的运算性能，并可以为元宇宙提供各种辅助功能。比如在元宇宙的内容生产上，人工智能可以生成海量的创新内容。你看过人工智能自动生成的新闻内容吗？

 我听老师说过，现在已经有很多新闻是人工智能制作发布的了！

 是的。人工智能现在已经具备抓取核心新闻点的能力了，并且可以根据人们的阅读习惯，调整语句与内容编排。这些其实都是丰富的元宇宙内容资源。同时，人工智能驱动的数字人也开始制作各类精彩的内容了，我的数字人朋友梅涩甜主持的脱口秀和访谈节目就非常精彩，这些内容丰富了我们的文化生活。而在内容审查上，人工智能也是好帮手，这减少了大量的人力投入，帮助我们审查元宇宙中的海量信息，以确保元宇宙的安全与合法。人工智能不是人的智能，但能像人那样思考，也可能超过人的智能。那么大家想想，到底什么是智能呢？

 我们每天都在动脑思考，却从没有想过大脑到底是怎么思考的。

其实这涉及人的意识、自我认知、思维等很多方面。中国古代思想家一般把"智"与"能"看作是两个相对独立的概念，也有不少思想家把二者结合起来作为一个整体看待。

有西方学者把人类的智能归结为八类：语言、逻辑、空间、肢体运作、音乐、人际关系、内省、自然认知。人工智能是一门极富挑战性的技术科学，也是现在最前沿的交叉学科。其研究的主要目标是使机器能够胜任一些通常需要人类智慧才能完成的复杂工作。在人工智能学科中，根据是否能够实现理解、思考、推理、解决问题等高级行为，又将人工智能分为了"强人工智能"和"弱人工智能"两种方向并开展研究。现阶段，主流科研力量集中在弱人工智能上，并在这一研究领域取得了可观的成就。而强人工智能的研究则处于停滞不前的状态。

人工智能竟然有强弱之分，它们有什么区别啊？

强人工智能是指机器能像人类一样思考，有感知和自我意识，能够自主学习知识。思考方式上的区别：强人工智能被分为"类人"和"非类人"两大类。类人的人工智能，即机器的思考和推理就像人的思维一样，而非类人的是指机器产生了和人完全不一样的知觉和意识，使用和人完全不一样的推理方式。弱人工智能是指不能像人类一样进行推理思考并解决问题的智能机器。这些机器只是实现指定功能的系统，而不能像人类一样拥有自主学习的意识。更有意思的是，强人工智能和弱人工智能并非对立的关系，它们其实非常互补，二者都有存在和应用的重要意义。

人工智能可以做这么多事情呀！人工智能可以训练自己吗？

答案当然是可以！元宇宙本身就是一个理想的人工智能模型训练环境，可以为人工智能这种数字原住民提供天然的训练空间。其一是因为元宇宙中有大量的已经标注过的数据，数据质量高且带指向性，有利于互联网巨头开展人工智能深度学习与机器学习；其二是元宇宙拥有无边无际的数字环境和海量用户，可随时为强化学习的人工智能提供反馈与指导。

太厉害了！还有哪些人工智能行业的重要事情，我们应该了解呢？

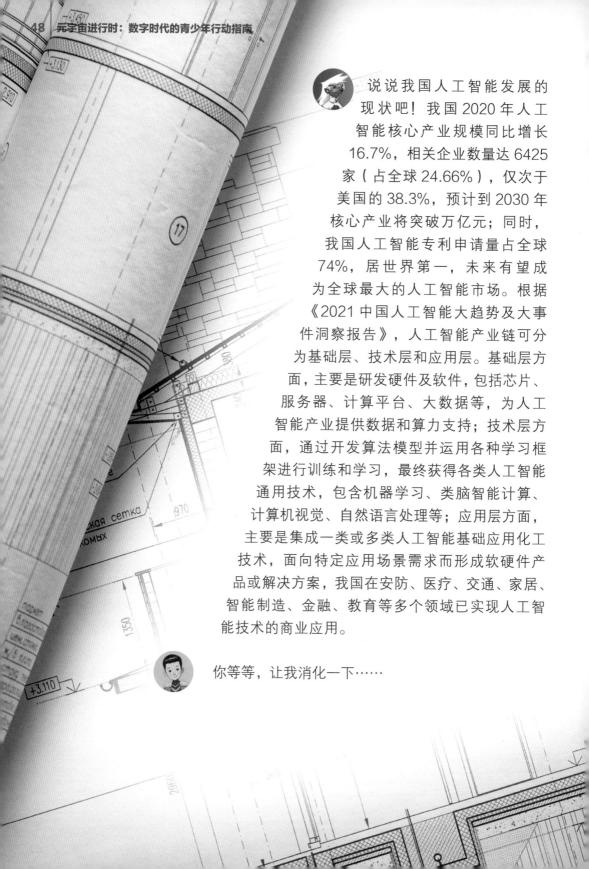

说说我国人工智能发展的现状吧！我国 2020 年人工智能核心产业规模同比增长 16.7%，相关企业数量达 6425 家（占全球 24.66%），仅次于美国的 38.3%，预计到 2030 年核心产业将突破万亿元；同时，我国人工智能专利申请量占全球 74%，居世界第一，未来有望成为全球最大的人工智能市场。根据《2021 中国人工智能大趋势及大事件洞察报告》，人工智能产业链可分为基础层、技术层和应用层。基础层方面，主要是研发硬件及软件，包括芯片、服务器、计算平台、大数据等，为人工智能产业提供数据和算力支持；技术层方面，通过开发算法模型并运用各种学习框架进行训练和学习，最终获得各类人工智能通用技术，包含机器学习、类脑智能计算、计算机视觉、自然语言处理等；应用层方面，主要是集成一类或多类人工智能基础应用化工技术，面向特定应用场景需求而形成软硬件产品或解决方案，我国在安防、医疗、交通、家居、智能制造、金融、教育等多个领域已实现人工智能技术的商业应用。

你等等，让我消化一下……

我国人工智能产业主要分布在京津冀、长三角和粤港澳三大都市圈，集聚了全国近 90% 的人工智能企业；川渝地区占全国人工智能产业的 3.3%，其他地区占 9.06%。北京、广东、上海、浙江和江苏等五地人工智能企业排名前五，占比达 82%。人工智能目前已经进入场景驱动阶段，可以深入解决各行业不同场景的问题。这种行业实践应用也在不断优化人工智能的核心算法，形成正向发展的趋势，并已经广泛应用于制造、医疗、教育等多个行业。

 我们国家真是强大！我们长大是否可以从事这方面的工作呢？

 当然可以！而且这是一个好想法！人工智能行业是科研的尖端行业，从业人员需要拥有非常广泛的跨学科知识储备，懂得计算机科学、心理学、哲学、语言学……可以说几乎囊括了自然科学和社会科学的方方面面。所以，你现在更要努力学习了！

 烧脑时刻

你有跟人工智能数字助理聊过天吗？
你觉得最近 TA 们的聊天水平有提升吗？

 **科普小剧场**　什么是人工智能？

人工智能是计算机科学的一个分支，是研究使用计算机来模拟人的某些思维过程和智能行为（如学习、推理、思考、规划等）的学科，主要包括计算机实现智能的原理、制造类似于人脑智能的计算机等。它企图了解智能的实质，并生产出一种新的能以人类智能相似的方式做出反应的智能机器，该领域的研究包括机器人、语言识别、图像识别、自然语言处理和专家系统等。人工智能可以对人的意识、思维的信息过程进行模拟。

《人工智能标准化白皮书（2018年）》中这样定义人工智能："人工智能是利用数字计算机或者由数字计算机控制的机器，模拟、延伸和扩展人类的智能，感知环境、获取知识并使用知识获得最佳结果的理论、方法、技术和应用系统。"

人工智能不会把我们替代了吧？

在人工智能时代，计算机可以帮助我们解决问题，却不能取代我们提出问题。提问，是出于一种好奇，是人类探索世界的动力。好奇心不仅是人类的本性，在人类进化的过程中起到了巨大的作用，在未来也依然是人类无法被取代的立足之本。

智能穿戴设备，助力自由出入元宇宙

 这个问题，也许会是你最关注的问题了吧？智能穿戴设备同样是现阶段构建元宇宙的底层基础，是元宇宙阶段的关键设备之一。现在的智能穿戴设备到底都被做成什么样子了呢？

 是的，这个问题我特别感兴趣。如果我没有理解错的话，有了像黑科技一样的穿戴设备，我们才能感受元宇宙吧！

 是的，精良的智能穿戴设备可以帮你更好地体验元宇宙。反过来说，更好的体验也决定着元宇宙对每个人的吸引力。因此实现计算、感知、交互等功能的智能设备和基础硬件是元宇宙产业链的重要载体。当虚实融合，物理世界能够方便地访问虚拟世界，虚拟世界可以便捷地控制物理世界，智能穿戴设备成为通向元宇宙的物理入口。

 现在都有什么样的设备呀？

 现阶段，以沉浸式和叠加、融合为不同呈现方式，我们体验元宇宙的设备技术可分为 VR 技术、AR 技术、MR 技术、XR 技术。以 VR 为例，虽然大家对这个概念不了解，不过你们应该会知道 VR 眼镜。就是那种戴上后就可以沉浸式体验另一个虚拟世界的"头戴式显示设备"。这种 VR 眼镜就是 VR 技术的应用方式之一。

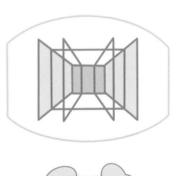

 我知道 VR 眼镜，我试过一次。我戴着眼镜坐在一个很酷的椅子上，体验了一次过山车！

我也体验过，当时我戴着 VR 眼镜参观了一个博物馆。在家就能参观博物馆的感觉，很奇妙！

是的，当我们穿戴上这种设备，设备将我们对外界的视觉、听觉封闭，并播出我们需要观看的视觉画面和声音。同时，头戴式显示设备是左右眼屏幕分别显示左右眼的图像，人眼获取这种带有差异的信息后，会在脑海中产生立体感，这让我们仿佛置身于一个全新的现实环境。

那是不是当我希望去恐龙世界瞧瞧，或者渴望置身宇宙中远望地球时，这样的愿望都可以通过 VR 技术得以实现呢？

没错，国外已经有大学把这个功能用在课堂上了。"数字人"是斯坦福大学关于 VR 技术的"旗舰课程"。新冠疫情期间，学生们第一次完全沉浸在 VR 环境里，完成学习。在一个真正的虚拟空间，扮演货真价实的"数字人"。而课程的设计本身就很有意思：它更强调从实践中学习，要求学生们更多体验和参与 VR 场景，甚至自己设计场景。这堂课的核心，就是让学生能够在一个全新的、虚拟的、可交互的环境里，去感受那些过去只能在书本上学到的东西。比如在"虚拟实景"里实地考察，学生们可以通过 360° 全景视频的方式，观看海底珊瑚礁逐渐被人类活动摧毁的样子，还可以在虚拟环境里上体育课……

这么看，我们应该很快也能用上了！

AR 技术跟刚刚说的 VR 技术不同，AR 对真实世界有一种"增强"的作用，也被称为增强现实，这个技术能把虚拟世界和真实世界结合在一起。其实你们应该都用过有这个功能的手机软件，你们猜猜是什么软件把真实和虚拟结合在一起了呢？

哦！我突然有些明白了！我们手机里经常用到的拍照软件魔法表情包，不就是这个技术吗！我在相机屏幕里，突然长了两只兔耳朵或是头上多了一顶哈利·波特的魔法帽，还有各种美妆相机，能让我们变漂亮。

手机地图里的实景导航，是不是也算一种？

是的！随着技术的发展，AR 技术还被做成了 AR 眼镜，就好像有魔法一样。比如导航功能，我们就可以直接通过显示镜片，看到真实路况与电脑图形指路路标融合的画面，既神奇又方便！

这么厉害的技术，一定还可以应用到很多其他领域的！

 AR 技术应用领域非常值得说一说。比如在尖端武器、飞行器的研制与开发、数据模型的可视化、虚拟训练、娱乐与艺术等领域都有应用。由于它具有能够对真实环境进行增强显示输出的特性，在医疗研究与解剖训练、精密仪器制造与维修、军用飞机导航、工程设计和远程机器人控制等领域也被广泛应用。

 那 MR 又是什么技术呢？

 MR 技术是虚拟与现实融合技术的进一步升级，现实和虚拟世界的进一步深度混合。它在现实世界中叠加虚拟信息的基础上，让两者在视觉上融合到毫无破绽。如果虚拟物品的显示位置在现实物品的后面，则虚拟物品看不见的部分可以被正确遮挡；又比如现实中的阳光照到虚拟的物体上，虚拟物品一样会产生反光和阴影。也就是说，有更多的物理规则被应用到了 MR 技术里。

目前，工业是对于 MR 技术需求最大的行业。随着工业 4.0、智能制造等概念的推广，更多企业开始寻求智能化的工业升级技术，以技术赋能产业。MR 技术因其可以与真实环境、真实物体进行良好结合的特性，成为提升生产力的重要工具。

能在工作中帮上忙的技术，就是好技术！

是的，这些功能真是非常有用。比如在日常工作的真实环境中为工作人员提供必要信息，包括岗位操作培训、设备维护手册、物联网数据展示以及远程专家指导等。工作人员可以使用头戴式 MR 眼镜，一边工作，一边查看各种工作数据。在完全不影响他们对身边环境观察的同时，解放出双手进行各种操作。真是非常方便！

那 XR 又是什么呢？这几个技术真难区别，它们之间有什么联系吗？

说到 XR 技术，这可是一种被称为属于未来的新鲜技术了，还有人说它是未来交互的终极形态。它不是穿戴设备，而是一种生产数字内容的技术方式。XR 技术在娱乐、营销、培训、地产、远程协作等方面具有非常大的发展潜力。比如我们通过设备虚拟体验的现场音乐会和体育赛事、在虚拟教室里上课、在虚拟会议室里远程开会、医学生可以在虚拟患者身上进行实践练习等。总之还有很多可能性及更大的想象空间！

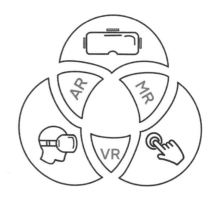

科普小剧场 VR、AR、MR、XR 是什么？

VR，Virtual Reality 的简称，即虚拟现实，它是一种将虚拟和现实相互结合起来的技术。因为这些虚拟内容不是我们直接所能看到的，而是通过计算机技术模拟出来的虚拟现实世界，所以我们把它称为虚拟现实。这是 20 世纪发展起来的一项全新的实用技术，所呈现的内容既可以是现实中真真切切的物体，也可以是我们肉眼所看不到的物质，完全通过三维模型表现出来。VR 技术通过计算机、电子信息、仿真技术等科技手段，把现实生活中的数据凭借计算机技术产生出电子信号，并通过输出设备使其转化为人们能够感受到的视觉画面和声音内容。

AR，Augmented Reality 的简称，即增强现实，它将真实世界信息和虚拟世界信息"无缝"合成，并让我们在看到奇幻世界的同时还能进行互动。这个技术的第一步其实是实时计算摄影机影像的位置及角度，再叠加上相应图像。该技术广泛运用了多媒体、三维建模、实时跟踪及注册、智能交互、传感等多种手段，将计算机生成的文字、图像、三维模型、音乐、视频等虚拟信息模拟仿真后，应用到真实世界中。真实环境和虚拟物体之间重叠之后，能够在同一个画面以及空间中同时存在。两种信息互为补充，从而实现对真实世界的"增强"。

MR，Mixed Reality 的简称，即混合现实，是虚拟与现实融合技术的进一步升级，现实和虚拟世界的进一步深度混合。MR 技术通过在虚拟环境中引入现实场景信息，在虚拟世界、现实世界和用户之间搭起一个交互反馈的信息回路，进一步增强了用户体验的真实感。深度混合是指在现实世界中叠加虚拟信息的基础上，让两者在视觉上融合到毫无破绽。

XR，Extended Reality 的简称，即扩展现实，它其实就是通过将上面三者的视觉交互技术相融合，为体验者带来虚拟世界与现实世界之间无缝转换"沉浸感"的技术了。它通过计算机将真实与虚拟相结合，打造一个可人机交互的虚拟环境，这也是 AR、VR、MR 等多种技术的统称。

除了刚刚说到的一些设备及技术，现阶段的智能穿戴设备还有下面几种。

- **触觉手套：**

触觉手套可以让人们在虚拟世界中产生触觉交互。当我们戴上手套并协同运动时，会在虚拟世界中"感觉"到抓住物体、有纹理的表面甚至是物体的重量和柔软度。该手套中放置了新设计的软制动器，手套上到处都是软电机。软制动器与软电机一起移动，能为手套佩戴者带来很好的触觉体验。从技术角度来说，当我们在虚拟世界中捡起羽毛或金属球时，应该有不同的"感觉"。

触觉手套的系列虚拟交互包括：操纵虚拟对象，如虚拟球投掷、接球；多人互动，如虚拟拇指大战、握手；多人游戏，如虚拟拼图。想象一下，你正在与朋友的超逼真 3D 头像一起拼虚拟拼图。当你从桌上拿起一块虚拟拼图时，你可以感觉到它在你手中，手指会自动停止移动。当拿起拼图进行仔细检查时，你能感觉到拼图边缘的锐利度、表面的光滑度，然后你操作拼图时还会发出咔嗒声。

- **电子触觉皮肤：**

近期，海外科技公司开发出了一种触觉传感器，由于其厚度仅两三毫米，因此也可理解为是一种柔性塑料"皮肤"。这种"皮肤"是一种柔性的触觉传感方案，它采用了可变形的弹力材质，内置磁性颗粒，因此在产生变形时，其向周围发射的电磁信号也会改变。接着，可以用磁力计靠近"皮肤"来测量电磁信号变化，并通过算法将数据转化为可用的信息，比如：接触的位置、力度等。利用葡萄和蓝莓等水果做过一系列实验后，研发人员发现"皮肤"可有效避免抓力过大造成的物体变形。未来，甚至还可以用"皮肤"传感器覆盖整个手套，用于提升机器人或体感手套的触觉感知能力。该科技公司负责人表示，这个全新的材料有望支持元宇宙的开发。

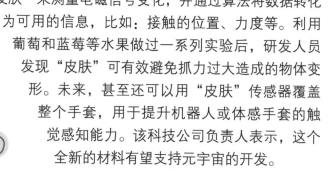

- **腕带式 AR 传感器：**

　　2021 年 3 月，可检测手部运动的腕带式 AR 传感器发布。据说这款设备可以让我们在虚拟世界里获得漫画人物的神奇技能，只需动动手就能掌控一切。佩戴者可以通过手腕上的电运动神经信号，用手指动作控制 AR 眼镜。最初，这项技术只能检测诸如捏手指和伸直手指之类的手势，后续添加了丰富的控制功能后，我们在 AR 中将能够触摸和移动虚拟对象，这就有点像超能力了。

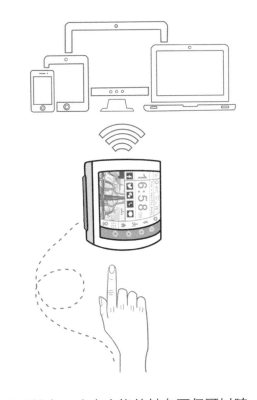

　　除此之外，研究团队还在进一步探索，试图开发在桌子或膝上高速打字的功能，如开发出一个虚拟键盘。这个虚拟的键盘不仅可以随时随地使用，还能够随着时间推移，学习和适应每个人不同的打字风格，甚至可以帮我们提高打字速度！

　　如何让这个虚拟键盘更快地捕捉到我们的使用习惯，快速成为我们的好帮手，研发团队在产品个性化应用方面，投入了很多精力，对于用户体验方面极为重视。研发团队近期还在探索适应特定环境的界面，实现"智能点击"。无须用户移动视线、浏览菜单，系统通过在不同环境中预测用户意图，主动提供自适应界面，而用户只需轻量级的反馈，就可以进行控制。比如只需利用一些微手势就可以操控。这样就无须分心或停下正在做的事，非常便捷且节省时间。

 这些黑科技，真是太酷了！

烧脑时刻

上面提及的这些穿戴设备，你最想尝试哪一个？

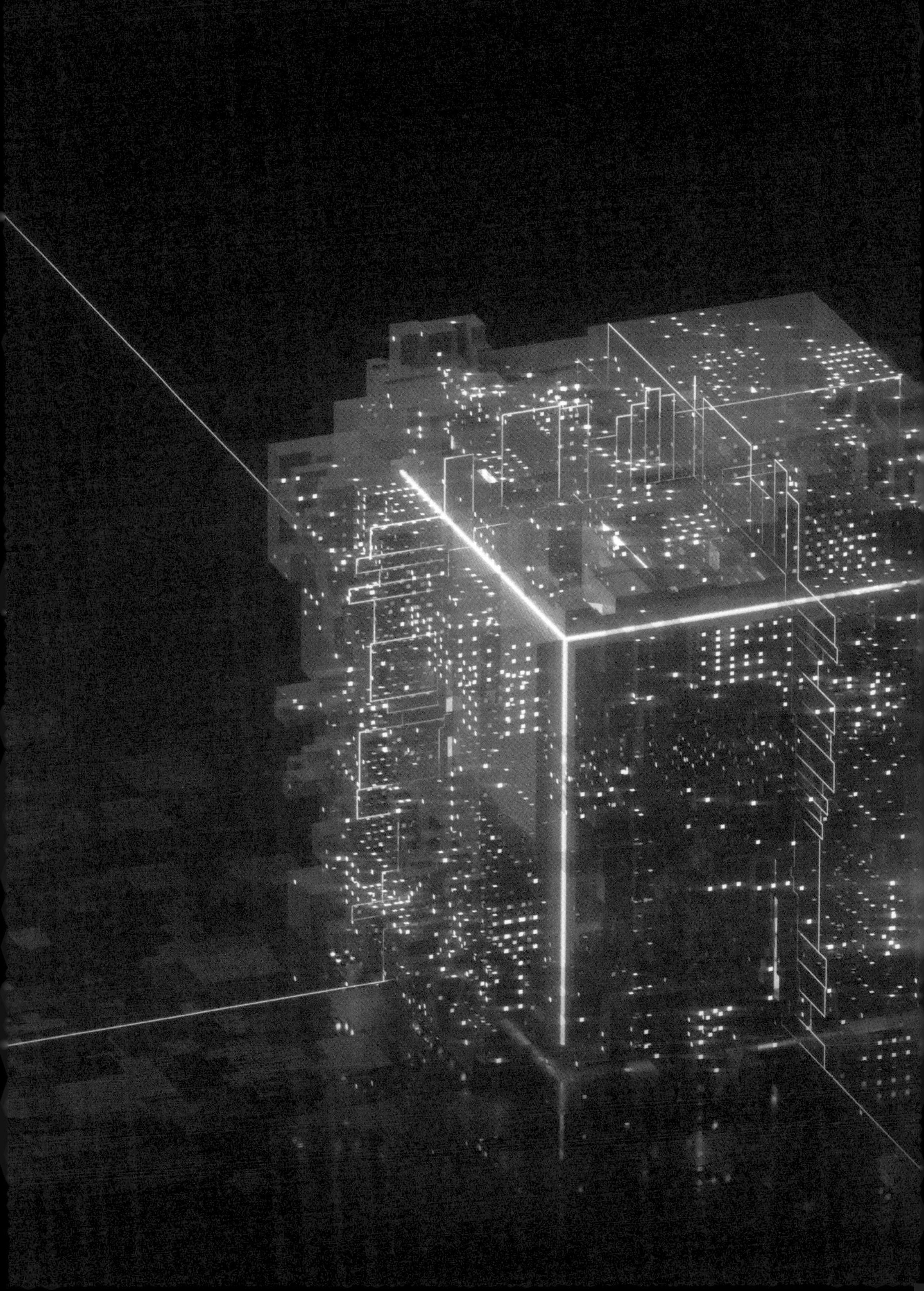

区块链，完善元宇宙认证体系

 讲到这里，我可要敲黑板啦！我建议大家多关注区块链行业的发展，因为区块链技术与我们的生活有很紧密的联系。你可能还没有想过一个问题：如果我们在元宇宙里拥有自己的数字人、数字资产，我们应该如何保障自己的身份安全呢？另外，我们如何让我们的数字资产流通起来，像现实世界里一样具有价值呢？

 假如我在现实世界的商店里看到一个漂亮的杯子，可以买完带回家。而在元宇宙世界里想买一个漂亮的数字杯子，你怎样可以买到，又如何带回家呢？

 你的举例很恰当！区块链提供元宇宙运行所必须的认证体系，它可以保障用户虚拟资产、虚拟身份的安全，使元宇宙中资产的流通变为可能，让用户可以自由地实现价值交换。这样，你就可以随时在元宇宙里把漂亮的数字杯子买回家啦，还可以摆在你数字孪生的家里！

 区块链的"链"字，是不是有想要把元宇宙里的各个部分连在一起的意思？

可以这样理解。区块链的英文表述为 Blockchain。Block 的字面意思是块、区块，而 chain 的意思是链、锁链，把各种板块关联起来。元宇宙中的所有资产，都可以通过区块链的加持，将现实世界中的各类资产与虚拟数字世界相连接，元宇宙的经济发展空间正在不断被拓展。

 这个技术可真高深，可能我长大一些才能明白。

 当前，区块链与工业互联网、大数据、云计算、人工智能等融合发展，处于起步阶段，融合应用有待深度激活。各行各业都在为实现这个目标而努力。比如，进一步将区块链技术应用于工业互联网的标识解析、边缘计算、协同制造等环节，培育新模式、新业态；建设基于区块链的大数据服务平台，促进数据合规有序的确权、共享和流通；利用云计算构建区块链应用开发、测试验证和运行维护；完善基于人工智能的区块链合约，探索利用人工智能技术提升区块链运行效率和价值创造能力等。

2021 年，"区块链"被列入"十四五"规划纲要中的数字经济重点产业。"十四五"规划纲要将"加快数字发展，建设数字中国"作为独立篇章，勾画出未来 5 年数字中国建设新图景。2022 年新年伊始，国务院新闻办举行 2021 年工业和信息化发展情况新闻发布会，工业和信息化部总工程师表示，我们在核心技术领域取得了一系列突破，大数据、云计算、区块链创新发展，目前处于世界第一梯队。

 烧脑时刻

思考一下

"不可篡改、不可撤销"是区块链技术的优点，也是它的缺点，为什么这么说呢？

科普小剧场 什么是区块链?

区块链是信息技术领域的术语,是新一代信息技术的重要组成部分,是分布式网络、加密技术、智能合约等多种技术集成的新型数据库软件。其最大的价值在于建立了一个不可撼动的"信任"方法,解决了各类信息不对称问题,实现多个主体之间的协作信任与一致行动。通过数据透明、不易篡改、可追溯等特性,解决了网络空间的信任和安全问题,推动互联网从传递信息向传递价值变革,重构信息产业的体系。

区块链是按照时间顺序,将数据区块以顺序相连的方式组合成的链式数据结构,并以密码学方式保证其不可篡改和不可伪造。从技术层面来看,区块链涉及数学、密码学、互联网和计算机编程等多学科技术。其核心技术有:分布式账本、非对称加密、共识机制、智能合约四大支柱。从应用层面看,区块链是一个分布式的共享账本和数据库,具有去中心化、不可篡改、全程留痕、可以追溯、集体维护、公开透明等特点。近年来,区块链技术和产业在全球范围内快速发展,应用已延伸到数字金融、物联网和物流、智能制造、供应链管理、数字版权、公共服务、保险、公益等多个领域,展现出广阔的应用前景。

区块链是谁发明的?

区块链技术的基础描述,最早出现在自称"中本聪(Satoshi Nakamoto)"的神秘人发表的论文里。

为什么说中本聪是个神秘人呢?

因为直到今天,我们依旧不知道他的真实身份。

元宇宙里有什么

跟大家分享完现阶段元宇宙建设的进程，我们来聊一聊元宇宙里具体都有什么重要内容吧！等同于数字孪生一个真实的人类世界，元宇宙的建设板块涉及方面之多，其实无法用有限的篇幅全部展开详述。这些内容既包括了数字孪生物理层面的大千世界，也包括数字孪生内容之外的无限创想。让我们尝试说说其中的要点！

没有科技，就没有元宇宙

毫无疑问，科技是元宇宙建设的基石。我们其实都有点儿好奇，元宇宙到底是由什么科技支撑的呢？

元宇宙是一个开放、复杂、巨大的数字体系，是多项科技融合数字技术的综合应用。可以说元宇宙运行的技术体系是个超级混合大拼盘：XR、数字孪生、区块链、人工智能等单项技术应用因为元宇宙而深度融合，以技术合力实现元宇宙场景的正常运转。同时，元宇宙也与各项社会生产活动紧密融合，各项数字技术应用到各行各业后，元宇宙里的产业结构变得更为丰富和完整。

在《元宇宙》这本书里，行业专家们给这些重要的数字技术集群起了一个好玩的名字——"大蚂蚁 BIGANT"。有趣的是， "大蚂蚁"这个超级技术集群概念也沿袭了蚂蚁种群的生物特性：单兵作战虽然不够强大，但团队协作起来，综合能力值爆表，可以支撑起元宇宙的全面建设。

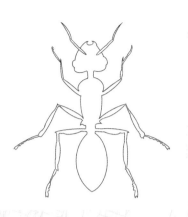

"大蚂蚁 BIGANT"元宇宙技术体系包括：区块链技术（Blockchain）、交互技术（Interactivity）、电子游戏技术（Game）、人工智能技术（AI）、网络及运算技术（Network）、物联网技术（Internet of Things）。

有些技术其实我们在前面的章节，都已经详细地解释过了。现在就考考大家！你们能说出这些科技板块对元宇宙有哪些支撑作用吗？

元宇宙的商业，需要区块链支持！

你说得对。准确来说，区块链技术支撑起元宇宙的商业体系、经济体系。它确保我们可以在元宇宙里自由买卖合法商品，使元宇宙经济系统运行得稳定、高效、透明。

我们戴的 VR 眼镜，都需要交互技术的支持。

是的，交互技术帮助我们在元宇宙里实现沉浸式体验，它分为输出技术和输入技术。输出技术就是终端设备向体验者传输各种信号，如视觉、触觉、痛觉、味觉，甚至神经信号让体验者获得真实般的感受。输入技术则能通过微型摄像头、位置传感器、力量传感器、速度传感器等设备，帮助体验者将外部信息采集录入终端设备。在输出和输入技术的协同配合下，体验者可以完成与数字世界的交互操作。

游戏难道也是元宇宙的重要建设板块吗？

 元宇宙技术里所提及的电子游戏技术，既包括游戏引擎相关的 3D 建模和实时渲染，也包括数字孪生相关的 3D 引擎和仿真技术。虚拟世界的建设需要一系列制作工具，才能让元宇宙里的内容丰富起来！比如我们每个人都能自由地开展 3D 建模、实时渲染乃至游戏制作工作，加速现实世界数字化的进程。仿真技术的突破是虚拟世界建设的难点之一。这需要让数字孪生后的事物遵守万有引力定律、电磁定律等现实世界的客观规律。电子游戏技术与交互技术的协同发展，是实现元宇宙用户规模爆发性增长的两大前提，前者创造极度丰富的内容，后者带来沉浸感体验。

 还有大数据技术呀！

 没错，大数据很关键！数据是世界的本质之一，各种各样的数据信息来自世界的方方面面，具有数量庞大、形式多样、频率高、价值低的特征和属性。掌握更多的数据信息对于人类的进步和发展，具有重要的意义，有助于我们认识客观世界。与全部数据相比较，现阶段的大数据其实相对片面，大多数还是样本数据属性。而伴随着大数据的发展及万物智联时代的开启，人类收集、处理、管理、高效应用信息的能力在不断突破，大数据将人类送进了元宇宙之门。

 我们生活中用到大数据的地方太多了。比如手机购物时，商家们会根据各种大数据算法，给我推荐女生喜欢的东西呢！

 在我们的日常生活中，大数据技术已经被应用到了方方面面，比如海关数据、气象数据、道路交通数据、金融数据、信用数据、旅游数据、医疗数据、教育数据等，为人们的生活提供各类服务。如果将这些数据再次关联起来，进行分析、管理、应用，这种大数据带来的价值，是不是有无限的想象空间呢？人类从没有像今天这样对数据充满深刻认知和管理概念，我们其实已经开始享用智慧城市服务理念下带来的各种便利了！

人工智能技术是元宇宙建设的超级助手，可以帮忙做非常多的支持工作！

人工智能技术在元宇宙的各个场景中无处不在，区块链技术里有智能合约，交互技术里有智能识别，游戏技术里有代码人物、物品乃至情节的自动生成，网络及运算技术里需要人工智能技术，物联网技术里更离不开大数据与人工智能的融合。现实世界和元宇宙的建设和运行，方方面面都离不开人工智能技术的加持。

网络及运算技术是指"5G+ 大数据 + 云计算"吗？

问得这么专业，看来二毛也已经是元宇宙知识小达人了！这里的网络及运算技术，不仅是指传统意义上的宽带互联网和高速通信网，还包含人工智能、边缘计算、分布式计算等在内的综合智能网络技术。现阶段的互联网，是个云化的综合智能网络服务平台。高速、低延时、高算力、高人工智能的规模化接入，加上云计算和边缘计算为元宇宙用户提供功能更强大、更轻量化、成本更低的终端设备，如高清高帧率的 AR 眼镜等。为元宇宙用户提供了实时、流畅的沉浸式体验。

物联网我知道，之前我一个叔叔讲过，把东西连上网，就是物联网。桌子、椅子都可以联上！

简单来说，确实是这样！一盏灯、一扇门、一张桌子、一把椅子，都可以是物联网的一部分。物联网技术是一项融合物理世界和虚拟世界完成万物互联的超级数字技术，更是元宇宙实现虚实共生的前提条件之一。

 物联网也是一个互联网吗？它有什么功能呢？

 物联网是互联网的应用拓展，与其说物联网是网络，不如说它是互联网的一种业务和应用。当数字孪生支持跨接口、跨协议、跨平台的互联互通，实现物理实体、虚拟实体、孪生数据、服务／应用等不同维度间的实时双向连接、双向交互、双向驱动时，我们就能感受到那种万物听从指挥，万物皆有灵性的奇妙体验。家里声控开关的照明系统、有自动驾驶功能的汽车，这些都是物联网。由此人们将随时可以洞察物理世界的变化，感知万物、管理万物，轻松再现《一千零一夜》里的经典场景——芝麻开门，是不是很酷呢？

科普小剧场　什么是大数据？

　　大数据是互联网行业术语，不同领域的专家用不同的视角诠释大数据的基本含义。早期，人们认为大数据就是海量数据的大集合。麦肯锡全球研究院曾给出这样的定义：一种规模大到在获取、存储、管理、分析方面大大超出了传统数据库软件工具能力范围的数据集合。现阶段，大数据则是海量数据集合、分析处理和科学应用技术的定义。人们把海量、复杂、繁乱的数据集合后，对其进行筛选、提取、分析处理，进而发挥这些数据的有益作用。因此大数据技术的意义不仅在于掌握庞大的数据信息，更在于我们如何把有意义的数据进行专业处理、智能运用。

 烧脑时刻

思考一下
物联网还可以让我们生活中的哪些物品变"聪明"？

原来大数据并不单指数据的量，还有如何分析数据，运用数据的含义呀！

 你知道数据信息的最小单位是什么吗？

 这个问题太难了吧！小天，你把我问住了……

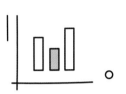

其实没有大家想得那么难，我先来科普一下吧！计算机存储信息的最小单位是比特（bit），bit 是英文 binary digit 的缩写。下面就是这些信息量单位的换算关系表。

中文单位	英文单位	英文简称	换算关系
比特	bit	b	1b=0.125B
字节	byte	B	1B=8b
千字节	kilobyte	KB	1KB=1000B
兆字节	megabyte	MB	1MB=1000KB
吉字节	gigabyte	GB	1GB=1000MB
太字节	terabyte	TB	1TB=1000GB
拍字节	petabyte	PB	1PB=1000TB
艾字节	exabyte	EB	1EB=1000PB
泽字节	zettabyte	ZB	1ZB=1000EB
尧字节	yottabyte	YB	1YB=1000ZB

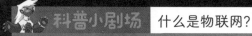 什么是物联网？

　　物联网（IoT, Internet of Things）是互联网行业术语，即"万物相连的互联网"。它有两层含义，第一，物联网的核心和基础仍然是互联网，是在互联网基础上延伸和扩展的网络；第二，其用户端延伸和扩展到了物品与物品之间，进行信息交换和通信，也就是万物互连。简单来说，就是把所有物品通过信息传感设备与互联网连接起来，实现智能化识别和管理。

　　万物互联、万物可控、万物智能，这是物联网的发展方向。物联网通过智能识别感知、信息通信、归类和分析、应用管理四层构架，被广泛应用于交通、环保、政府工作、安全、智能家居、消防、环境监测、照明控制等各个领域。

丰富多彩的内容世界

现在我们来讲讲元宇宙内容建设吧！元宇宙是数字内容世界，元宇宙的建设需要从内容建设起步。可以这样说，元宇宙的起点不是平台，而是内容。

是不是像抖音那样，大家都发布自己制作的内容。比如我制作了"要好好洗手"的视频，号召大家要在疫情防控期间好好洗手。同时，我也很喜欢在上面看各种刻印章和画画的视频。

道理非常类似，元宇宙的内容也是需要所有人一同努力，共同建设的。我们熟悉的抖音、小红书、微博、哔哩哔哩、知乎等采用的都是 UGC（用户生产内容）模式。你们有没有发现，大家原来使用互联网都是以下载为主的，但是现在变成双向的，既下载，也上传。

是这样的，我们既是内容的浏览者，也是内容的创造者，还可以跟同学和朋友们互动、交流。

是的，小萱。元宇宙的内容体系建设，一定会激发每个人的创意、制作、传播潜能。在元宇宙的建设中，除了 UGC 模式应用外，PGC（专业生产内容）和 OGC（职业生产内容）模式，也将是元宇宙内容建设体系的运行模式。这些模式可以为元宇宙内容建设者提供平台和盈利。

同时，元宇宙建设本身是个信息呈现方式升级的过程。要点在于其信息呈现从二维平面升级到三维立体空间。一方面，这些体验增强了用户的真实感、临场感和沉浸感。另一方面，随着内容维度和传递效率的升级，用户读取信息的速度会大大加快，人类的想象力和创造力，也将得到更大的释放。元宇宙的开放性和可互操作属性，将支持每个人通过内容创作、编程和游戏设计为元宇宙创造价值。因此，可以说元宇宙将是数亿万人类共同创造的数字内容结晶。

小天，现在正在制作中的元宇宙内容有哪些呀？我之前看过一个视频，说敦煌的壁画也是元宇宙。这是什么意思啊？

人类历史上不同发展阶段留下的图像和文字都是元宇宙内容创造的基石。神话传说、诗词歌赋、壁画石刻等，这些中国历史中传承的文化财富，也必将在元宇宙数字孪生的建设进程中，成为元宇宙内容建设的文化底色，在元宇宙里注入底蕴丰厚的中国味道。

娱乐、商业、服务等传统网络内容的立体化呈现，是现阶段元宇宙建设的重要内容之一。2021 年，迪士尼宣布进军元宇宙。公司计划围绕旗下庞大数量的 IP 将现实世界和数字世界连接起来，创造其品牌元宇宙。这些 IP 既包括巴斯光年、艾莎公主等小朋友喜爱的角色，也包括《星球大战》、漫威和迪士尼动画工作室等品牌。

文化和创意产业是元宇宙建设的排头兵，积极衍生全新内容，为元宇宙虚拟世界创造新事物。数字人作为元宇宙发展阶段的重要元素，也是元

科普小剧场　　UGC、PGC、OGC 傻傻分不清？

UGC、PGC、OGC，这几个英文缩写组合看起来非常相像，不过它们代表的含义却大不相同。

UGC（User Generated Content 的缩写）是互联网行业术语，意为用户（网友）生成内容，即用户将自己原创的内容提供给平台（网站）及其他网友的内容生产模式。同时平台管理人员不负责内容生产，只负责运营协调和维护秩序；很多平台采用 UGC 模式，由此强调平台开通了用户可以自主创作提交内容并通过平台发布传播的功能。

PGC（Professionally Generated Content 的缩写）是互联网行业术语，意为专家（专家网友）生成内容。PGC 有对内容生产者进行定位和划分的概念，即拥有专业知识和相关领域资质的、有一定权威的舆论领袖，制作更具专业化、更有公信力、更加有价值的内容展示或者提供给其他用户的模式。PGC 内容创作者往往是出于"爱好"，义务贡献自己的知识，形成高价值内容。专业地"留住"

宇宙的宣传员。数字人已经逐步发展至"以人工智能驱动、超写实展现"为特征的成长期阶段，发展势头活力十足。数字人梅涩甜就是元宇宙优质内容输出的代表之一。在科技赋能下，梅涩甜以更自然高效、更具情感连接的方式不断演进。她以对话者的身份与各行业人士进行跨次元交流，引发关于元宇宙与现实世界的思考。同时，在梅涩甜自己的故事线中，她也是一位创作者，这使得她成为元宇宙里的"鲜活生命"，有生活、有成长、有社交、有表达、有态度。

烧脑时刻

猜一猜，AIGC 是什么意思？

用户是 PGC 模式的最大价值，PGC 体现平台的内容质量、内容核心价值，也从内容制作根源上杜绝内容质量参差不齐的情况。目前专业视频网站大多采用 PGC 模式，对 PGC 内容创作者的争夺在各大内容平台从未停止。

OGC（Occupationally Generated Content 的缩写）是互联网行业术语，意为职业（网站雇员）生产内容。就是由具有专业背景和制作能力的职业生产者生产优质内容提供给平台及用户的模式，内容生产是其职务行为，可以领取相应报酬。OGC 的生产主体是从事相关领域工作的专业人员，其生产主体具有相关领域的职业身份，因此内容方向精准、品质精良，能给用户提供高价值内容。以 OGC 为代表的网站，如各大新闻站点、视频网站，其内容由内部自行制作或从外部购入版权。OGC 是内容生产的专业模式，因此也更加注重营销、推广等市场行为。OGC 完成从内容生产、内容推广，到品牌形成、"粉丝"汇聚，在平台的助力下，最终会创造出非常优秀和具有价值的内容。这些优质内容会形成品牌价值，再通过价值变现让创作者们能更加专注于精良内容的创作。

经济让元宇宙成长

 小天，其实我之前一直没有想明白，元宇宙里为什么还需要经济体系呀？现实世界里什么都有，不能直接用吗？

 菠菜，你提出了一个很棒的问题！元宇宙经济是实体经济和虚拟经济深度融合的新型数字经济形态。现实世界的经济学围绕的是实物商品，而元宇宙的经济学则以虚拟商品为核心。元宇宙的经济体系里，不仅有虚拟商品，还包含了实物商品的数字化过程，这跟物理世界并不一样。如果我们想在元宇宙世界里体验数字生活，还是需要逐步建立起虚拟世界经济体系的。下面我来举例说明一下。

- 创造优秀的数字产品、数字资产：在数字世界里建设、创造数字产品，并不需要大工厂和很多生产设备，仅仅用数字就能创造我们需要的数字产品。数字创造突破了现实世界的物理规律，可以体会到自由造物的乐趣！我们可以造一个书包、一只小猫、一所学校，甚至一个星球！而这些数字产品就像是元宇宙的生长细胞，只要我们持续创造下去，元宇宙就会持续生长。这些数字产品，则如同在现实世界的产品一样，具有价值，是数字资产。

- 制定出有保障的产权规则：元宇宙里的数字资产必须有明确的产权归属和严格的版权保护，才能如同真实世界一样，实现产品的流通。现阶段区块链技术已经被应用到元宇宙的经济体系建设中，为元宇宙建设提供通证体系。建设这个产权规则的意义在于保障用户数字资产安全的同时，也能保障流通交易环节的安全、透明。区块链的技术应用尚处于初期阶段，更多突破性的应用亟待开发和创造。

- 建立活力十足的数字市场：数字市场是元宇宙经济繁荣发展的主引擎。有了数字市场，数字资产的价值变得更加具象，数字资产的流通变得方便、自由。便捷的获利通道，将促使大量优质内容生产者加入元宇宙建设队伍，开启元宇宙内容制造的大爆炸时代，催生出元宇宙斑斓而精彩的数字生活！

- 使用便捷的数字货币：数字货币是元宇宙经济体系的核心要素，而元宇宙经济体系则是数字货币应用的最佳场景。我国数字人民币，是由中国人民银行发行的数字形式的法定货币，与实物人民币等价等值。数字货币已经在现实世界开始全面应用。现实世界的金融体系与元宇宙的经济体系，已经完成了初步对接。

 小天，你刚刚说到要使用数字货币，那以后我们就不用纸币了吗？以后春节是不是就没有人给我红包啦！

 不是吧！我可喜欢收红包了。亲友们给小孩子压岁钱是我们的传统年俗，寓意长辈们给小辈的平安祝福。

 你们忘了吧，还有电子红包呢！我今年可收到不少！

小天，电子红包里的钱，是数字货币吗？

数字人民币和我们手机里通过微信、支付宝"钱包"送出的电子红包，还是有区别的。我们来了解一下吧！

我国的数字人民币，是由中国人民银行发行的数字形式的法定货币。数字人民币是独立于实体货币的另一种"钱"，它不需要关联银行账户，主要用来替代流通中的纸币和硬币，功能和现金一样。而支付宝、微信支付只是第三方支付工具， 应用软件钱包里的"钱"是需要充值的，充值来源是消费者所绑定商业银行账户里的存款货币，对应的仍是传统的实体货币。从这个层面上看，两者还是有很大区别的。

那数字货币和虚拟货币是一样的吗？

这两个概念也不太一样。虚拟货币是指非真实的货币。我国政府曾明确把比特币定义为一种特殊的互联网商品，否定了其货币属性，不得用于支付。同时，虚拟货币没有经过国家正规发行，不能作为普通货币流通使用。我国的数字人民币，是由中国人民银行发行的数字形式的法定货币。

元宇宙里的经济体系还有不少有待建设，由此我们才能在元宇宙里享有丰富的商业体验和便捷的生活。但是这个建设并不是从无到有，当今许多商业买卖都是通过计算机网络来实现的，可以说中国的各大电子商务网站都是提供交换的数字市场。此前，这些数字市场交易的大多数商品是实物商品。在不久的将来，纯数字内容的产品交易会越来越频繁。比如我们在音乐网站购买数字音乐专辑，在手机应用市场购买游戏程序。当然还有最近风靡全球的数字藏品 NFT（Non-Fungible Token 代表非同质化代币），在数字世界的数字市场购买数字产品，不少人都觉得这很好玩。这又印证了那句话：元宇宙其实已经在我们身边了。

科普小剧场 什么是数字货币？

马克思认为货币是固定地充当一般等价物的特殊商品。在互联网高速发展的今天，在传统货币定义的基础上，数字货币应趋势而生。但这种数字货币，可不是直接把纸币都做成数字化那么简单。这是一种基于节点网络和数字加密算法的、没有实体的虚拟货币。也有学者这样界定数字货币："数字货币是采用数字化技术，具有广泛存在性、实时性、可编程性、自动化、分布式、去中介、流通全球化、价格稳定性、公共性等特征的数字流通凭证。"数字货币简称为DC，是英文"Digital Currency"的缩写。

我国的数字人民币，由指定运营机构参与运营，以广义账户体系为基础，支持银行账户松耦合功能，与实物人民币等价，具有价值特征和法偿性，是有国家信用背书、有法偿能力的法定货币。数字人民币的诞生，是创建了一种以满足数字经济条件下公众现金需求为目的、数字形式的新型人民币。

烧脑时刻

数字货币时代的到来，还需要实物红包给压岁钱的年俗吗？

元宇宙不是法外之地

法律体系也要建设吗？元宇宙里的人，不就是我们吗？我们不是有法律吗？

这是一个精彩的问题！元宇宙在本质上是一个具有现实性的数字虚拟社会，其稳定的运行和发展需要适合数字虚拟社会属性的法律体系作为保障。这部分的重点在于，元宇宙的法律体系不仅要有常规功能，还应针对数字世界技术层面的属性，给予相应的保障和支撑。

元宇宙的建设起始于真实世界的框架，其法律体系的建设当然要借鉴现实世界，并在科学立法、严格执法、公正司法、全民守法的基本原则下，制定现实世界制度规范和数字世界制度协作共治的法治规则。

一方面，元宇宙是人类为实际主体的社会形态，现实世界是元宇宙的"母体"，因此现实世界的法律依旧是元宇宙治理的主要规则依据，现实社会的法律法规是元宇宙虚拟世界发展的法律保障。

另一方面，虚拟世界的数字形态及其数字技术演进带来的突破，也为元宇宙催生出可以数字化管理数字世界的智能规则。这种让数字技术成为法律规则的突破，是元宇宙法律体系建设的新特色！区块链技术，就是这个特色的鲜明代表。

数字化管理数字世界的规则，有些烧脑，但是细想起来，在数字世界好像确实应该这样！

现阶段，我国相关法律制度正在不断完善，《中华人民共和国网络安全法》《中华人民共和国数据安全法》《中华人民共和国个人信息保护法》颁布实施后，接下来一系列配套细则将陆续落地。《互联网信息服务算法推荐管理规定》则是人工智能相关治理体系逐步完善进程的开端。

正如一位大法官曾经对法学院的学生说到："新一代人带来的新问题，需要新规则来解决。这些规则可用旧规则做蓝本，但必须适应未来的需求，必须适应未来的正义。"关于元宇宙的法治意涵，还需要法律界、科技界的专家学者，携手进行更加细致的深入思考和探究。

今天，全世界都在关注中国，也在关注中国的元宇宙发展。

在全球视角下，现阶段的元宇宙布局以中国和美国为主导，其次是日本、韩国。从短期发展来看，美国等国家在硬件入口及操作系统、后端基建、底层构架、人工智能等方面竞争力较强。中国则在内容与场景、协同方领域具备较强优势，中国拥有最大的潜力用户基数及社交基因。从长期发展来看，中国的元宇宙行业布局完整，发展稳健，各项技术当前在中国均处于高速的发展阶段。中国移动互联网多年的技术积累，完善的网络宽带基础设施建设，强大的基建能力等，让元宇宙在中国已具备实现的基础，也将成为元宇宙时代中国引领全球发展的新契机。

第三章

哇，这就是
元宇宙

云空间里体验元宇宙

小天团的成员们来到了一个
广袤无垠的虚拟数字空间，
浮现在空中的数字和各种代
码，缥缈闪烁，像云朵，也
像星星。

关于预测这件事，有的人说，世界的发展脉络如此复杂、趋势如此多变，去预测全新的事物，不被打脸几乎是不可能的。还有人说，世界发展的可能性如此之多，我们可以尝试着从各种不确定中，寻找一种确定。你们对于这件事有什么看法？

畅想未来肯定是好事啊！你们听说过"未来学"吗？

未来学是一种研究人类社会未来的综合性科学。这门科学从科技和社会互动发展的角度，探讨选择、控制甚至改变或创造未来的途径。研究范围涉及了很多领域，包括未来人口、未来城市、未来环境污染、未来能源等。

我们的探讨也很有未来学的味道嘛！我们可是未来的小主人呢！

现在，我们的元宇宙大预测正式开启！

未来大不同

 我们元宇宙大预测的第一个话题：元宇宙会带来哪些颠覆？

 为什么要用"颠覆"这个词呢？

 技术进步影响的不仅仅是该领域本身，更是整个生活方式和商业模式的改变。元宇宙将深刻地影响我们对生命、时空、能量、经济和价值等概念和观念的认知。这些冲击或改变，将使一些事物的本质发生新的变化。下面，我就来给大家梳理一下，你们看看是不是这样！

"超能力"不是梦

在元宇宙里打破物理限制，体会一种新自由

 在现实世界里，人类只能跳跃到一定的高度，因为有地球引力的影响。而在元宇宙的数字世界里，人类有了一个大颠覆！内容制作者们可以制定各种玩法以突破现实世界中物理规律的限制，为人类赋予"超能力"。我们可以任意设定跳跃的高度，甚至可以跳出地球！

 这很像我们在游戏里，不仅可以自由换场景，还能飞！

 是的，跟在游戏中类似，元宇宙里我们可以在数字技术的支持下，实现飞翔或位移。这一秒你在八达岭逛长城，而下一秒钟，也许你就能登上月球，在卫星上俯瞰长城。这种在元宇宙里不受物理空间限制的自由感，不仅对每个人具有强大的吸引力，还将释放人类无限的创造力！

在元宇宙里重建世界，领悟物理规律

 元宇宙建设带来的另一大颠覆，在于对现实世界规则的重建，也被称为数字孪生！此前，电脑设计软件在工作和生活中的大量应用，让很多商品实现了生产前的数字预览。比如一个杯子，在把它做出来之前，设计师可以先做个数字模型，全方位地预览它的效果，并可以把这个模型交付到制作环节，直接用于生产。

 我叔叔就是建筑师。他们在盖房子之前，都是在电脑里先把大楼画出来！

 说得对！建筑师们现在可以在设计软件中先把建筑项目"盖"起来，并在软件里面设置它的各种工程系数，并预览这栋建筑完工后的样子。

以上这些过程，其实都是数字设计实物化的过程。而现在，我们开始做逆向建造，也就是把一切过程反过来再做一遍，这才是一个大颠覆。我们现在要把现实世界中的事物，一个一个地"搬"到数字世界里面去，将现实世界发生的一切，放入数字空间。这些内容，并不单指物品，还将包含这些物品的物理属性或是生物属性。

 怎么反过来做呢？数字孪生，就是把现实世界中的小狗放进数字世界？

 正是这样。而且在电脑里通过制图软件做成的数字小狗，其实只是完成了数字孪生的一小部分，这只小狗还不算是个完整的数字孪生。数字孪生最为重要的启发意义在于，它实现了现实物理系统向虚拟空间数字化模型的反馈。小狗是现实世界里的鲜活生物，把它放进数字空间里时，我们不仅要还原它外表的样子，还要还原它的各种属性，比如体长、重量、奔跑的速度，甚至叫声的大小。此外，我们还要为它赋予活动起来的能力，让它可以跟我们互动。

哦，我明白了。比如我把一株植物搬进数字世界，我不仅要做好它的花、茎、叶的样子，还应该把植物光合作用的过程也数字孪生出来！

没错！我们需要数字孪生这株植物的全部属性：适合其生长的温度、对土壤中矿物质的需求、对阳光和水的需求等，甚至它应该什么季节开花，什么时候凋零。在元宇宙数字世界重新建设我们的物理世界，对每个人来说都是巨大的挑战！但是这也必将成为我们参透真实世界规则的伟大过程！

以前都是在电脑里设计新东西，再生产出来用。而数字孪生却是把各种东西研究明白以后，再放进电脑里，这可真有意思！

是的，这是一次逆向思维的壮举。在人们试图将物理世界发生的一切，放回到数字空间的过程中，很多实物的本质和属性，将被重新思考。而基于数字化模型进行的各类仿真、分析、数据积累、挖掘，甚至人工智能的应用，都确保了数字孪生与现实物理系统的相互匹配。而这个功能对智能制造系统真是太有意义了。可以说，如果没有数字孪生对现实生产体系的准确模型化描述，智能制造系统则无法落实。

烧脑时刻

在元宇宙中，你想拥有的"超能力"是什么呢？

科普小剧场　　　什么是数字孪生？

　　数字孪生（Digital Twin，简称DT）也被称为数字映射、数字镜像。数字孪生是数据可视化的一种表现形式，一般定义为：数字孪生是充分利用物理模型、传感器更新、运行历史等数据，集成多学科、多物理量、多尺度、多概率的仿真过程，在虚拟空间中完成映射，从而反映相对应的实体装备的全生命周期过程。简单来说，数字孪生就是在一个设备或系统信息平台上，创造一个现实事物的虚拟的、数字版的"克隆体"。

　　很多场景都适合采用数字孪生技术：比如工业制造领域，在产品研发的过程中，数字孪生可以虚拟构建产品数字化模型，对其进行仿真测试和验证。在产品生产制造时，数字孪生可以模拟设备的运转，还有参数调整带来的变化。在这些过程中，数字孪生有效地提升了产品的科学性和实用性，同时降低产品研发成本和制造风险。在产品使用过程的维护阶段，数字孪生技术通过对运行数据进行连续采集和智能分析，可以预测维护工作的最佳时间点，为维护周期、故障点诊断和故障概率提供参考依据。通过这些拟真的数字化模型，工程师们可以在虚拟空间调试、实验，能够让机器的运行效果达到最佳。

　　数字孪生和5G/6G、智慧城市也有非常密切的关系。更多的数据将被采集、汇总，协助构建更强大的数字孪生体：一个数字孪生城市。在数字孪生城市中，基础设施（水、电、气等）的运行状态，市政资源（警力、医疗、消防等）的调配情况，都会通过传感器、摄像头、数字化子系统采集出来，并通过物联网技术传递到云端。城市的管理者可以基于这些数据以及城市模型构建出数字孪生体，更高效地管理城市，为市民提供服务。

沉浸式的感官体验

酿一杯科技鸡尾酒

 现在我们来讲讲元宇宙里的科技颠覆。梅涩甜说元宇宙是一杯鸡尾酒。你们已经学了不少元宇宙知识了，说说这个比喻怎么样？

 是因为元宇宙是各项技术的融合体吗？

 哈哈，正是如此。元宇宙并不是一项特定的技术，而是对多种技术融合应用发起的全新挑战！该挑战的颠覆性在于，这是一个需要打破相关行业科技研发边界和壁垒的跨界协作的建设。这既是对科技研发行业的升维要求，也是对元宇宙建设人员跨界能力的新期许！过往那种单一行业的单打独斗，将不再具有创新优势。打破边界，跨行业协作研发的综合性团队，才有战斗力。

物理世界各领域技术包括：大数据、云计算、高速带宽、区块链、人工智能、VR/AR……而元宇宙建设需要：大数据＋云计算＋高速宽带＋区块链＋人工智能＋VR/AR＋……甚至加上更多的技术才能突破发展。

 不懂大数据的云计算工程师不是合格的人工智能专家。

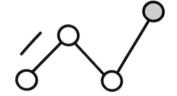

升级信息传输效率，开启新思考维度

 元宇宙时代的信息传递效率将有机会到达极值，以最大程度解放人类的创造力，这是个颠覆。自古以来，人与人沟通信息的传递效率，都是直接影响人类发展进程的重要因素。人类从产生语言、发明文字再到现在灵活交流的一路进化，历经数万年。元宇宙时代的信息交互突破，将帮助人类从纸质记录、电子图表记录的二维模式，升级到沉浸交互式的三维可视化模式。大数据、云计算、数据可视化和人工智能等多项技术都会帮助我们更高效地解析数据，达到深入理解和洞察世界的目的。

小天，你能举个例子吗？

比如当我们尝试分析一个城市的
降雨情况时，将不用再去花费大
量时间收集信息数据，找寻降雨
时长和降雨量的规律。大数据、
云计算、人工智能算法等技术将
协同计算，把你关注的所有信息
呈现在一个三维立体的降雨模型
里。这时，你可能突然有了新发

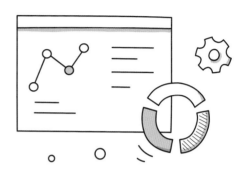

现：同一个城市，有一条街道竟然在每次下雨时都是晴天。那么，你的
研究工作就可以开始了！

当元宇宙的算力能把复杂的事情变简单，我们人类的精力将获得巨大解
放，由此投入到高价值的创造工作中去！其实关于信息传输方式及传输
效率的前沿科技研发，一直不曾停歇。比如另类科技——脑机接口！你
们听说过这个词吗？猜猜看，这是做什么用的？

接口怎么接呢？脑机接口可以把我想要学习的知识，直接传输给大脑吗？

接口接在哪里？是把大脑连接到电脑上吗，会不会触电呀？

很高兴大家都在积极地思考！大脑是人体最重要的器官，也可能是宇宙间最复杂的生命物质！大脑拥有大约 860 亿个神经元，它们的放电模式不同，编码模式不同，信息处理方式也不同。现在，脑机接口技术处于研发初期，通过大脑和外部设备之间创建直接关联，使脑接口既成为神经修复最有效的工具，帮助治疗瘫痪、卒中、帕金森等神经系统疾病也成为人类全面认识大脑的关键技术。人工耳蜗是迄今为止最成功、临床应用最普及的脑机接口，为广大听障人士带来了福音。

这些真是伟大的科学突破！

脑机接口是下一个生命科学和信息技术交叉融合的主战场。

烧脑时刻

在元宇宙时代，你要选择做个通才还是做个专才？

科普小剧场

什么是脑机接口？

脑机接口（Brain Computer Interface，简称 BCI），是指在人或动物大脑与外部设备之间创建的直接连接通路，即"脑 + 机 + 接口"，由此实现脑与设备的信息交换。"脑"一词意指有机生命形式的脑或神经系统，而并不仅仅是"思想"。"机"意指处理或计算的设备，其形式可以从简单电路、计算机到芯片等。"接口"就是用于信息交换的连接物。

脑机接口发展大事记

2008年

匹兹堡大学神经生物学家宣称利用脑机接口，猴子能操纵机械臂给自己喂食。

2020年
8月

埃隆·马斯克自己旗下的脑机接口公司找来"三只小猪"向全世界展示了可实际运作的脑机接口芯片和自动植入手术的设备。"三只小猪"其中一只猪已经植入脑机接口设备两个月且活蹦乱跳，另一只曾植入设备又取了出来，最后一只则未植入任何设备。被植入芯片的实验猪，向全世界展示了神经信号的读取和写入，研究人员可以通过芯片传导出来的信息看到猪的脑电图。

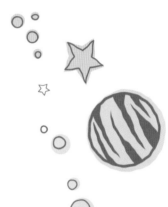

2021年
5月

斯坦福大学神经科学研究员及其团队在《自然》杂志上发表了他们对脑机接口的最新研究成果——让肢体瘫痪者达成"意念书写"，速度可达每分钟90个字符。

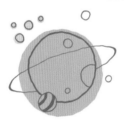

2021年
9月

"中国脑计划"（脑科学与类脑科学研究）正式启动。作为科技创新2030的重大项目，"脑科学与类脑研究"主要包含脑疾病诊治、脑认知功能的神经基础、脑机智能技术等方面研究。脑机接口涉及脑活动调控技术、新一代机器学习模型和类脑计算系统、类神经元的芯片、处理器、存储器和智能机器人等技术，未来也将推动超柔神经界面、电极和芯片系统等方面的突破。

另一个"我"

元宇宙时代，拥有专属的虚拟数字人应该是件平常事了。不过你可能还没意识到，这对于我们每个人来说，也是一次自我突破和升级。首先我们需要先数字孪生我们的分身。

我的数字分身，可以做得胖一些吗？我妈老说我太瘦了。

当然可以！我们的数字孪生分身，并不见得是完全真实的自己，这个分身可能会更理想化，在元宇宙里，你是自由的。

伴随着技术的突破，数字人的身份已经能够以安全加密、保护数据隐私并可由第三方验证的方式实现认证了。当你拥有了自己满意的数字分身后，认证技术会帮你解决"你就是你"的认证问题。当你完成数字化升级，恭喜你实现了第一个社交突破——你有分身了！当你开始用这个数字人分身跟他人沟通时，他人也会默认沟通的对象是数字身份背后的真人，也就是你。

我还可以拥有别的数字分身吗？

我认为可以拥有不同样貌的数字分身。但不同身份的数字分身其实应该从社交的两个层面来说。其一，在数字世界里做真实的你。这个时候，分身的概念很像一件衣服或游戏概念里的皮肤。不管你如何变换样貌，你的朋友们都知道，这个分身始终是你。

哦，这有些像我们在微信里用的昵称。不管昵称怎么改，别人都知道这是你。因为你的 ID 号码，是不变的。

是的，这个举例很恰当。因为我们在元宇宙世界里，必须要有各种安全认证来保护我们自己，这样你的数字分身才不会被冒用，也不会丢失，安全认证是出于对亲朋好友和社会治安的保护。

其次就是我们期待的颠覆之处：在数字世界里做虚拟的你。当我们希望体验不同的人生，尝试各种冒险，在元宇宙空间里再合适不过！虽然这类体验在游戏里早就存在，但元宇宙以其沉浸式的体验，将带给你身临其境的感受！

我很想做个工程师，设计各种机器人和未来城市！

我想当魔法师，像哈利·波特一样！

我想当飞行员！

在数字世界里，你可以尝试各种不可能，包括危险。比如面对一只饥饿的猛虎，然而风险系数为零。

这一切太令人期待了。对啦，在元宇宙里我们可以跟人工智能数字人交朋友吗？比如梅涩甜姐姐，嘿嘿。

当然可以咯，梅涩甜应该非常愿意同你们这群爱思考、爱学习的小伙伴交朋友！我想到一个问题——你们说动画片里的虚拟人物形象，算是数字人吗？

这个问题估计很多人都想知道。

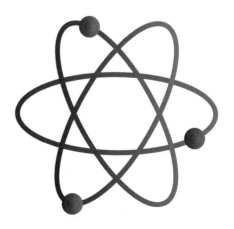

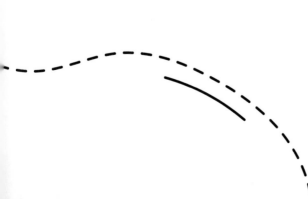

其实虚拟人物和数字人还是有区别的。虚拟人物在外表和故事性方面与真人非常相似，是一种角色。而数字人则常指一种复杂的计算机数字资产，是信息科学与生命科学融合的产物，强调其存在于二进制的数字世界中的属性。

数字人既可以是根据真人生成的 1∶1 数字孪生，也可以是完全虚构的形象与身份。目前，行业内的专家认为数字人应该具备三大特征。

1. 拥有人的外观及性格特征。
2. 拥有通过语言、表情或肢体动作表达的能力。
3. 拥有识别外界环境、与人交流互动的能力。

按照刚刚你说的，电影里的角色应该就不是数字人。比如蜘蛛侠，我只能在电影里看他，他却不能直接跟我聊天、对话。除非他们也具备了交互能力。

正是这样。只有具备上述特征的数字人才是元宇宙世界的原生居民哦！同时，数字人将成为元宇宙的流量入口，带领大家走进虚实结合的 AR 世界。数字人的应用场景很多，今后在泛娱乐（影视、传媒、游戏）、金融、文旅、教育、医疗等行业，都能看到数字人的身影。元宇宙将成为人类数字化生存的新载体，我们不仅可以跟数字人交朋友，还会拥有自己的数字人分身，这个分身是现实世界中你的数字孪生，也是虚拟世界里另一个真实的你。

区别不那么大了，世界也变小了

元宇宙世界，我们跟朋友交流的效率会变得很高。在没有发明电话的时候，人们经常写信和朋友交流。虽说写信可以实现传递信息的目的，但交流的效率很低，可能需要很多天才能收到朋友的回信。而现在，我们拿起电话就能和朋友轻松交流。

我的姑姑住在瑞典的斯德哥尔摩，那是个离中国很远的城市。但是爸爸经常跟姑姑微信通话，我也随时都能跟表姐聊天，所以也不觉得远了。

 很多人可能还没发觉，科技进步带来的信息传递效率提升，已经把世界"变小"了。中国四川的小朋友和丹麦哥本哈根的小朋友，都喜欢中国的大熊猫和丹麦的小美人鱼，也同样喜欢漫威世界的奇异博士和钢铁侠。而元宇宙时代，全球各地人们的思想和精神被高效连接起来，在人工智能算法的支持下，不存在语言不通的交流问题。而大家从审美喜好到消费习惯，从思想认识到意识形态，各方面也都会产生进一步的认知同质化。

 你的意思是说，世界还会变得更小？

 也许不是世界变得更小，而是人们对同一件事情的了解程度更加接近，世界变得更加融合。人们可以在元宇宙里自由交流，不用在乎谁从什么地方来。

我们希望在元宇宙世界里，没有国界，没有霸权，没有种族歧视，没有战争，每个人都可以是元宇宙的主宰，每个人都可以自由地行走于世界之中。人类命运共同体的理念，也可以在元宇宙里得以实现。

科普小剧场 什么是数字人？

数字人可以说是元宇宙的基本单元。是基于计算机图形学技术（Computer Graphic，CG）创造出来的拟人化数字形象。他们被赋予人物角色设定，以代码与数据的形式在计算机设备上运行。人物形象、语音生成模块、动画生成模块、音视频合成显示模块、交互模块是构成数字人的通用系统框架。

数字人的制作方式其实是不同的。这些制作可以根据人物图形呈现维度，分为 2D 平面和 3D 立体两大类；从外形风格上看，可分为卡通、写实、超写实等风格。"超写实"就是高质量的写实模型，这种类型的数字人形象，跟真人非常像，仿真程度甚至细致到头发丝、毛孔。当然数字人制作品质的高低，也会直接影响制作成本和时间。很多超写实数字人的制作周期要三个月到半年，而一个平面的二次元虚拟形象制作时间要短很多。

数字人根据交互驱动的方式不同，可以分为真人动作捕捉驱动的数字人和人工智能驱动数字人。动作捕捉技术也有很大差别，光学捕捉、惯性捕捉、摄像头捕捉三类捕捉方案的精度依次降低，成本也随之减少。虚拟人背后驱动的真人，被称为"中之人"。因为真人驱动不免会有出错的隐患，因此人工智能驱动的虚拟数字人，正在深度研发的进程中。人工智能驱动会规避掉出错的风险，但技术门槛很高。人工智能驱动虚拟数字人需要深度训练数字人的动作、表情，建立专属的人工智能模型。当我们通过文本或语音驱动数字人的时候，其口型、表情、动作能根据输入内容的语义或是预定规则完成表达。

 烧脑时刻

猜猜什么时候我们能有位数字人朋友？

元宇宙商场里有什么

从无到有，数字创造

在现实世界里，人类的生产、创造需要依靠各种物理资源，要有生产资料，也要有人类的劳动。比如制造一个瓷盘，既需要陶土，还需要依靠手工或是机器把陶土制成盘子的形状，上釉后推进窑坑里高温烧制。这个过程很复杂，但也不能确保烧制出理想的瓷盘，因为烧制过程依旧存在温度或高或低的不可控因素。元宇宙时代，创造这件事，你们觉得会有什么不同？

元宇宙时代都要用电脑来创造。

元宇宙时代，创造从本质上有了不同，我们创造数字资产，且并不需要耗费电以外的物理资源，这就是颠覆。元宇宙独特的数字运行体系，为每个人赋予了造物能力，且几乎没有物理资源的限制。我们可以在元宇宙里尽情创造，每个人都能成为元宇宙数字资产的生产者。不仅如此，通过交易还可以让数字资产拥有商品属性，实现流通、变现。元宇宙本身就是无数人共同创造的数字结晶。

前几天，妈妈带我看了中国航天的 NFT 数字藏品，那是一个会转动的、漂亮的数字纪念徽章。NFT 是数字资产吗？

NFT 其实是基于区块链技术的一种独特的数据单位、数字证书、数字合约，用于记录特定数字资产的所有权。NFT 有时是一幅画，有时候是个游戏，NFT 也可以是一本书，这几个形式的 NFT 数字藏品我们都曾看到过，但 NFT 并不仅仅等于数字藏品。

原来 NFT 是一种独特的数字证书、数字合约呀！

确实可以这样理解。现阶段，数字藏品和游戏是 NFT 的主要应用场景。NFT 应用还可能会出现在金融相关领域，比如被应用在保险、公益捐助等场景中。从理论上说，NFT 可以用到很多领域，万物皆可 NFT。随着技术及认知的不断发展与进步，NFT 的应用远不仅仅于此，更多潜力应用场景将被逐步挖掘出来。

数字升级，虚实融生

元宇宙经济是实体经济和虚拟经济深度融合的新型数字经济形态。虚实的全面交织，人们有了全新的生活方式，催生出新的生活场景和新型社会关系，赋予传统实体行业全新维度的数字经济活力，这是一种颠覆。

是不是所有的商场都会变成元宇宙商场呀？我们的学校会变吗？

所有的传统产业，都将在元宇宙里发展出全新形态，陆续开启数字化转型。现实世界的商业体将与元宇宙里的商业体实现相互转换。元宇宙里会出现百货商场、电影院，甚至餐厅和咖啡店。这些美食或饮品，会在你下单完成后，快速地送到你现实世界的家里，以确保食物的新鲜美味。我们的学校，也一定会运用元宇宙沉浸式体验的教学优势，催生出更好的教学方法。

随着虚实互补、融合的不断深入，元宇宙甚至可以整合全社会资源，实现资源配置和利用的优化。

烧脑时刻

请你去尝试了解一下元宇宙经济学。

科普小剧场　　什么是 NFT？

NFT，全称是 Non-Fungible Token，中文名是非同质化代币，是基于区块链技术的一种独特的数据单位、数字证书、数字合约，用于记录特定数字资产的所有权。基于区块链技术，NFT 最大的特点是非同质化、不可拆分，而且独一无二。这使它可以锚定现实世界中商品的概念，为各种数字资产赋予商品价值和流通属性。现阶段，数字藏品和游戏是 NFT 的主要应用场景。

从理论上说，NFT 可以应用于任何需要进行非同质化、唯一认证的领域，万物皆可 NFT。比如表示数字对象的 NFT、表示物理对象的 NFT、代表身份的 NFT 等。因此 NFT 既可以是一幅画、一首歌，也可以是一段影片，甚至记者和摄影师可以把他们的独家新闻和图片做成 NFT，以保护他们的版权。各类形式的数字艺术品其实都可以通过 NFT 的特殊认证方式来验证其独特与稀有的自身价值。

物理对象的 NFT 比如房地产、实物藏品等，这些实物商品的所有权可以被标记并安全地记录在区块链中，这也将是物理对象被带入数字领域的一种 NFT 区块链技术应用新模式；代表身份的 NFT 认证，可以在个人身份、文凭、证书、资格以及其他学术和专业成就等认证过程中充当数字 ID。

把中华文化"搬进"元宇宙

 说到文化，自古以来，我们中国就有"上下四方曰宇，古往今来曰宙"的宇宙观念。在人类文明的浩瀚星海中，中华文化灿烂夺目。这次文化的破壁在于，在元宇宙里，中国智慧将可以溯源，一个全面的中国将得以展现。

 你说的文化破壁，是想要把我们中国的文化全部搬进元宇宙里吗？

 正是如此。如果没有中华五千年的历史文明，哪会有我们中国独有的文化特色呢？中国元宇宙数字内容的建设，当然不能仅仅数字孪生我们的青山绿水和繁华都市，中国文化瑰宝也应该有获得再现的机会。

 各种历史知识如果可以这样展示，那可真是太精彩了！

 通过虚拟技术，文明古国的经典故事、经典人物、经典场景一一串联，历史人物们都会变得鲜活而生动起来。敦煌壁画、云冈石窟、西安兵马俑，也都能在虚拟空间里触手可及。如果说，一切历史都是未来史，那么中华民族凭借源远流长的传统文化，必定能在元宇宙里创造出满含中华意蕴的一抹亮色！

烧脑时刻

在元宇宙中，你最想再现哪一段中国历史呢？

未来大畅想

现在是畅想时间，我们来想象一下未来世界的生活吧！

中国著名的建筑学家、诗人、作家、清华大学教授林徽因女士，曾著有一篇小说《九十九度中》。这篇小说的结构和传统文学迥然不同。小说仿佛用 360 度全景扫描的方式，把同一时间不同场景的故事逐一呈现。元宇宙的沉浸感，被中国第一位女性建筑学家在 1934 年以文学的形式构思出来，让后人不得不为她的奇技巧思和创新意识喝彩！我们不妨用一篇关于未来畅想的小故事，向林徽因致敬！

向所有勇于创新的人致敬！

新九十九度中之未来畅想（迷你篇）

元宇宙坐标：2056年夏，北京，37℃

盛夏的北京，骄阳当空。

"小天，共享移动舱5分钟内到达小区6号临时停舱位等你。天气有些热，建议你穿上恒温外套。"

酷小天今天要参加一个重要的活动，正在跟他说话的是家里的人工智能管家梅梅。小天家住在绿色低能耗智慧住宅296区，是人工智能管家提供全能支持的超级智慧社区，会定期升级各种生活服务软件。

"梅梅，刚刚冰箱提示蛋白质类的食材需要补充了，新订单已发送出去。你帮忙再确定下食材的溯源链吧，我们还是继续优先预定低碳生产的品牌。"

"好的，小天。我马上确认！"

叮嘱完梅梅，酷小天挑了件银白幻彩的恒温外套，走出家门。

一部白色的人工智能移动舱已经在6号临时停车位上等候小天了，而旁边舱位上停着一辆外观传统的人工智能校车。校车正在等待接小区里的两位小学生前往学校。二毛和邱小宝走向校车，边走边开心地聊着天，"小宝，今天我们要上一节火星课，不过这节课是大课，我们要跟日本、新西兰、德国好几个国家的同学一起上。"听二毛这么讲，小宝觉得很奇怪："为什么要上大课呀？最近不都是小班交流吗？""因为今天这节课的老师，是我们国家的航天员！其他国家的同学一听说有航天员讲课，就都申请远程加入了！"二毛边说，边让小宝先上车。

在宽敞的校车里，车上的全息投影正在滚动播放着今天的新闻："中国的碳中和计划提前达标，今天将有一场盛大的活动在天安门广场举行，记者从活动主办方了解，此次活动将向碳中和项目中的杰出贡献者颁发荣誉奖章，同时发布地球保护的下一步计划。"

二毛指着新闻说："估计你们今天上课，就可以跟其他国家的同学显摆一下了，我国碳中和计划经过这么多年的努力，竟提前完成任务了！跟咱们的火星计划一样，中国只要有目标，准能按时保量的完成任务！"

小宝眯眼一笑："我估计我会显摆一下的，顺便跟德国的同学学上一句'提前完成任务'的德语。"

"对了，小宝，你们也是在火星大教室上课吗？大教室里是百分百还原火星条件的虚拟空间，可以体验火星重力！随便一跳，都会跳得很高！我觉得特别有意思！上月球课的时候，我也最喜欢这个体验！"二毛显得有些兴奋。

小宝表情有些失落地说："确实是在火星大教室里上课，但是今天有航天员老师讲课，我们都乱蹦乱跳，是不是不太好啊？"

"小宝，别担心！说不定老师还会带着你们一起去感受在火星上奔跑的感觉呢！各地区小朋友们都在火星上跑起来的话，相当壮观呀，估计系统会还原出尘土飞扬的样子！"

两个小家伙儿你一言我一语，畅聊了一路。车上邻座的一位女同学，则调出数字眼镜里人工智能管家的界面，正在跟家里的人工智能管家交代着一件很重要的事：刚刚小猫的数字分身来提醒她小猫口渴，她才发现小猫的数字智控水盆似乎出了些故障，并没有自动补水。她这才赶紧通知人工智能管家去检查一下系统故障。又让管家给妈妈拨通了电话，让妈妈帮忙照看小猫。

人工智能校车以平稳的速度行驶着，同时它一路都在主动发出数字安全信号给道路上行驶的其他移动舱，让它们与校车保持安全距离，确保孩子们的出行安全。人工智能校车到达学校门口，小宝和二毛下车时，看到了嘟嘟同学刚好从妈妈的数控移动舱下来。嘟嘟有一个上中学的哥哥，她的妈妈是著名的出版人，博学且能干，同学们都很羡慕他。

嘟嘟下车去上学后，妈妈把移动舱设置成自动驾驶模式。舱里配备的大屏幕可以共享办公室里数字桌面上的全部文件，她打算充分利用路上的时间，再看看即将出版的数字图书文件。这次出版的图书，是一次全新尝试。图书的内容不再是简单的文字和平面图片，而是在文字版本的基础上，加入了一个元宇宙空间。读书时可以随时切换界面，畅享全景图像，沉浸式体验作品精华。不仅如此，读者还可以进入到元宇宙里，成为作品的一部分，深度体验作品要传递给读者的情感和内容。

再一次审阅完文件后，嘟嘟妈妈拨通了作者和数字视觉设计师的元宇宙坐标电话，她想要约上这两位合作伙伴，一起到作品数字空间里查看几处细节，她觉得这些细节还需要再做修改，以便带给读者更好的参与感。

数字视觉设计师圆脚豆接到电话后，带上了她的数字视觉设计眼镜，并在线邀请嘟嘟妈妈和作者的数字分身随她一起，进入了巨大的数字工作空间。三个人径直走进了作者笔下的街角咖啡店，看了看窗外的黄昏并探讨了一下黄昏的颜色饱和度够不够，要不要再加一抹暮光散射进室内。接着三个人又去观察侦探主人公在街头疾行追踪嫌犯的表情，作者认为侦探脸上的脸色可以再冷静一些。最后，三人又在路边站了一会儿，探讨了一下要不要在茫茫车海中多加几辆可再生能源智慧汽车，以及要不要在商业摩天智慧大厦楼顶的天空上，再多放几个云朵投影广告牌，给城市增添些繁华气质。

三人达成一致后，就各自下线了，一次工作会议就此结束。

会议结束后，嘟嘟妈妈的移动舱刚好到达了下一个会议地点的停舱位，接下来的工作是要和另一位作者见面。虽然现在不需要实际碰面就可以交流了，但面对面的沟通依然不可替代。一次握手，一个拥抱，依然是人与人之间的宝贵体验，更加亲切且更具仪式感。

嘟嘟妈妈马上要见到的这位作者是位社会学家。他正在整理的新书内容是讨论元宇宙时代贫穷与无家可归者的消失问题。出版人到来之前，这位社会学家正在为他要展示的图书内容文件做着准备。他在房间中央投射出一个大大的三维全息地球，并将他多年收集的数据进行可视化的编辑和处理。

他发现，由于元宇宙时代每个人都有机会深度体验他人的境况和遭遇，因此全社会换位思考的能力有了跨越式的提升。元宇宙中便捷高效的跨空间交流，促使世界各国文化更加融合。语言不通的障碍被解决了，跨国跨语言交流自然而随意。在全球人民的协作下，智慧星球元宇宙的建设取得了突破性的成果，全球知识与协作网络逐渐形成，由人工智能驱动的全球知识网络可以通过"优化"地球资源数据，基本上确保了资源在全球不同地区之间的合理配置。由此，"同一地球，同一命运共同体"的愿景得以实现。同时，当社会学家把各种造成贫穷的数据叠加在三维地球区域分布图上时，他发现元宇宙技术发展水平较高的地区，战争、冲突、犯罪等造成社会不稳定的事件和现象，确实更少。他将就此事的辩证关系，进行探讨和论证。

此时，酷小天也到达了目的地，融入了前来参会的熙攘人群。这个活动其实同样可以通过数字分身在线参加，但是每一个来到现场的人都有一个念头，希望能亲身感受到现场呼喊的音浪！今天是中国正式对全球宣布实现碳中和的日子，一场由环保青年志愿者组织的碳中和达标庆祝活动，将在美丽的绿心公园举办。

走在公园的草坪上，天蓝而清朗，草绿而芳香，酷小天的思绪飘回到35年前那个特殊的画面——这是一个在元宇宙碳中和研发数字空间里反复播放的一段视频画面，2021年中国国家主席习近平在北京以视频方式出席了领导人气候峰会，并发表题为《共同构建人与自然生命共同体》的重要讲话。习近平说："中华文明历来崇尚天人合一、道法自然，追求人与自然和谐共生。中国将生态文明理念和生态文明建设写入《中华人民共和国宪法》，纳入中国特色社会主义总体布局。中国以生态文明思想为指导，贯彻新发展理念，以经济社会发展全面绿色转型为引领，以能源绿色低碳发展为关键，坚持走生态优先、绿色低碳的发展道路。"

30多年前伴随碳中和目标发布的，还有元宇宙建设大门的开启。碳中和项目与元宇宙项目齐头并进、相辅相成，为我们的生活带来了翻天覆地的变化。

中国全区域智慧城市数字升级早已完成，城市里智慧建筑正在逐步替代传统住宅，城市病逐步缓解。建筑工程师赋予智慧建筑植物般的能力，利用太阳能和风能，即可实现建筑物的部分能源补给和温度调节。智慧建筑中的环境都可以逐步进化和学习，可以根据每个人的生活方式、健康数据等因素，自动调整室内的温度、湿度、灯光和声音。建筑中的各项空间配置也可以动态调整，居住、休闲、生活配套、医疗、销售等，为人们的生活提供各类贴心体验，大大提升了幸福感。

智慧交通数控移动舱，是无人驾驶汽车的新名字。现在的移动舱完全使用可再生能源驱动技术，是名副其实的环保交通产品。汽油、汽车这些名词，大家用得越来越少了。元宇宙空间里的各种虚拟空间，成为学校教育和职业教育的超级训练场。机器人已经成为人类生活中重要的服务提供者，各类社会服务、家庭服务项目不胜枚举。其中小天最喜欢的是机器人的聊天功能和陪伴作用。家里的服务机器人是孤独的终结者，既是小天儿时的好玩伴，又是现在家里老人的陪聊小助理。今天的元宇宙已经成为一种社会生活常态，和空气、水、电一样不再被人们谈论和提及，我们对它已经习以为常。

远处传来的倒计时呐喊声，把小天的思绪重新拉回到绿心公园的大草坪上。为了庆祝中国碳中和达标这个重要的时刻，青年志愿者们发起了这场环保不插电音乐会！倒计时结束后，第一首表演作品是纯音乐《地球之歌》。小天找到一片树荫处坐下，随着音乐轻声哼唱起来。他是今天的第16位表演者，将要演唱一首由他作词作曲的环保歌曲——《酷蓝色星球风》。

第四章 元宇宙：

人类永不停息的脚步

在空间站看地球

酷小天带领小天团成员们继续出发，来到了距离地球400千米左右的"天宫号"空间站。空间站整体呈T字构型，有三个舱段，一般情况下驻留3人，在航天员轮换时最多可达6人，这里已经成为中国长期在轨稳定运行的国家太空实验室。

在寻找这个问题的答案之前，大家先试着说说自己的想法吧！

因为人类非常喜欢创造！比如我和弟弟，天生喜欢画画！

因为元宇宙里可以做很多以前做不到的事情！

是不是因为大家都希望过上更智能，更有科技感的生活呢？

这是人类科技进步的结果吗？

你们的回答都很有道理！有位叫尤瓦尔·赫拉利的以色列学者认为，人类取得的一切成就，创造出的伟大文明，都是因为我们有"想象力"。他认为很多动物都只生活在客观现实中，但是人却可以同时生活在客观现实和虚拟现实的"双重现实"里，这也是人类可以统治地球的真正原因。人类不断进行自我革新、推动历史前进的背后，其根本就是人类所特有的想象力。

你们觉得他说得对吗？

我觉得有道理。不管是在古代还是今天，我们人类的想象力都超级丰富！比如中国有很多古诗，都曾描写过月亮上的月宫和玉兔，大家看着月亮的样子就有这样美好的想象了。还有中国古代的天文学者们，通过观察星象，也做出了各种假设：有人认为天是圆形的，地是方形的；还有人认为天地整体像个鸡蛋，天像个鸡蛋壳，包裹着蛋黄般的大地。

鸡蛋的说法其实已经跟地球有点儿像啦！我还听说古印度人认为大地是被驮在四头大象的背上的，而四头大象又站在了一只大海龟的背上，多有意思呀！

这些例子也说明了人类是多么热衷于想象。在巨大的想象力支撑下，人类通过观察和思考去探求事物的本质；通过研究和创造，去想办法解决遇到的各种问题。很多科学探索也都是这样实现的！

张衡

小萱刚刚说的鸡蛋一样的天地，被称为浑天说，"浑天如鸡子，地如鸡中黄。"汉朝的天文学家张衡是支持浑天说的代表人物之一。同时，张衡为中国天文学、机械技术、地震学的发展做出了杰出的贡献，发明了浑天仪、地动仪。由于他的突出贡献，国际天文学联合会将月球背面的一个环形山命名为"张衡环形山"，将太阳系中的 1802 号小行星命名为"张衡星"。这也是一个凭借想象力、创造力推动人类世界向前发展的典型人物。

这么看，建设元宇宙对人类来说，真是件绕不过去的事情了。

对于人类为什么要建设元宇宙，其实很多学者也尝试做出了分析和解读，大家的看法我简单梳理如下。

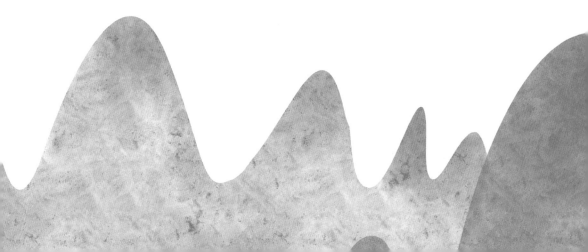

发展阶段：我们已经到达了这里

此前我们提到过，元宇宙并不是一种新科技，而是融合了多种前沿科技应用，进而演化出的全新社会形态。但是从另一个角度讲，也是因为这些前沿技术已经发展到了相对成熟的可应用阶段，在各自经历了单打独斗的发展周期后，人们发现其实把多种新兴技术整合起来，又能生发出一种全新的技术。于是技术以相互支撑、融合的方式，再次实现了自我迭代和升级，并由此创造出更加具有颠覆性的产品和服务。因此，我们可以说元宇宙的出现，是科技以迭代发展、融合进化的方式自我生长的必然结果。

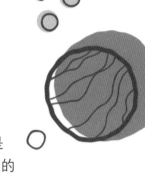

这有些像单细胞生物，进化成了多细胞生物。

嗯，二毛，我也跟你有同感。比如 VR 技术其实很早就有了，大数据也是一个我们从小就经常听到的技术。5G 更是从 4G 升级而来，我们一点都不陌生。还有小天描述过的元宇宙的其他重要技术，几乎都不是最近才有的，都发展了很多年。而它们发展成熟后，突然开始融合了！这也太像生物课里的细胞演化了。而且我还有一种科技大丰收的感觉！有各种成果等着我们享用。哈哈！

你们说得很对！这种升级演化的过程，确实非常相似！"科技大丰收"这个形容，也表现出了现在科技发展态势喜人的局面。

而当每种科技生出成熟的"果实"，它们就必将进入到下一个被广泛应用的阶段，进入到各行各业开始服务。这里我要提出一个问题，专家们最初是如何想到要设计这些科技项目的呢？比如，VR 技术工程师为什么想要设计 VR 技术？5G 工程师们为什么不满足于 4G 的速度，甚至在做 5G 建设的同时，已经在考虑 6G 的事情了？

 工程师们可真是创新专家啊！

 是因为我们人类总想发明更好的技术吗？

 我觉得是因为我们总想要更好的体验！

 正是这样。丰富的想象力让人类总是能预想到更好的体验，并把它变为现实。满足这个愿望其实正是很多科技研发的初衷。因此当"科技大丰收"来临，人类开启了各种对新体验的丰富想象。一些对人类发展非常有价值的新创意由此产生，而这又将带来技术的下一轮升级和进化！

因此，我们可以说元宇宙的出现，也是人类对美好生活不断向往而催生出来的必然结果。

 我之前总是觉得黑科技厉害，却没有想过，其实最厉害的是人类的想象力和创造力！

在我们对新产品、新服务、新体验的畅想和期许中，商业力量往往就会适时地出现。其实，很多科技的研发和推广都是在商业的支撑下完成的。

商业以其特有的核算方式，衡量各类科技带给人类的价值，并由此做出商业决策，以商业的力量推动科技转化为应用，并促使其发展。比如在科技成果大丰收的今天，商业会将各种技术带到我们的生活中。

一方面，这将为互联网行业开拓全新的商业领域。比如互联网及移动互联网行业已经相对发展饱和，缺少新增量，因此需要行业价值的深耕。VR 技术的应用，就属于这类项目。当游戏行业竞争日益激烈的今天，VR 沉浸式体验的游戏，无疑会成为可以争抢用户的游戏升级方式之一。

另一方面，这为各类传统行业增加了创造价值的全新维度。比如人工智能技术应用于汽车自动驾驶，还有各大百货公司和电商平台利用大数据，为用户及时推送各类商品的促销信息。这些技术的应用直接为商业增值，带来效益，因此商业力量从不会错过这样的新技术。我们可以说元宇宙的出现，也是商业不断开发新经济价值过程中带来的必然结果。

小天，听你讲解完，我突然想到了一个哲学问题——到底是鸡生蛋还是蛋生鸡？不过不管是鸡生蛋还是蛋生鸡，鸡最后一定是有的。

你的脑洞真大！确实有一定的道理。元宇宙的出现，就是"天时、地利、人和"的产物。现在咱们来说说人类的因素！

烧脑时刻

以技术赋能产业是非常伟大的创新！你以后想从事元宇宙领域的工作吗？更具体地说，你想从事什么行业？

自我实现：向内探索，我们想变得更好

 说到人类进步的需求，我想问大家一个问题。你们听说过"马斯洛金字塔"吗？这个问题可能有些难，我先来做个知识分享吧！

"马斯洛金字塔"指的是"马斯洛需求层次理论"，是一种心理学理论，在人类现代行为科学中占有重要地位。提出这个理论的心理学家马斯洛认为，人们需要动力去实现各类需要，但有些需求却是优先于其他需求的。简单来说，就是当人类有很多需求想满足的时候，一定会排出优先顺序，决定出先满足哪一个。

马斯洛金字塔就是将这些需求按照研究成果进行排列的图形结构，从层次结构的底部向上，需求分别为：生理需求，安全需求，社交需求，尊重需求和自我实现需求。

自我实现
需求

尊重需求
自我尊重，被他人尊重……

社交需求
友情、爱情……

安全需求
人身安全、健康保障、工作保障、家庭安全……

生理需求
呼吸、水、食物、睡眠、生理平衡、分泌……

针对这个结构的学术争辩，还在持续演化中。但是大多数学者认为人的需要有一个从低级向高级发展的过程，这符合人类发展的一般规律。大家也认可"自我实现"应该位列需求结构最顶端，因为没有什么比自我实现更重要。在科技发展、经济繁荣的今天，解决了大多数需求的人们更想做有意义的事情，完成自我实现：对外要有所创造、有所发现，要解决这个世界的问题；对内要不断完善自己，提升自我，拥有高尚的道德并追求真理。因此，从马斯洛金字塔理论出发，元宇宙的建设完全符合人类自我实现的需求。不管是对外的创造还是对内的自我提升，实现全兼容。

因为在元宇宙阶段，我们大多数的愿望都有可能被实现！那就是对自我需求最大的满足吧？这是否就解释了为什么人类对建设元宇宙会那么感兴趣？

需求被满足了就是自我实现吗？

需求被满足和自我实现还是不同的。自我实现是指个体的才能和潜力在适宜的社会环境中得以充分发挥，实现个人理想和抱负的过程，也指个体身心潜能得到充分发挥的境界。

那种经过全力拼搏终于完成目标的满足感，是自我实现吗？比如获得奥运冠军！

 是的，可以这样理解。元宇宙阶段，在物联网、大数据、人工智能等各种科技的加持下，我们可以把自己武装得非常好，马斯洛金字塔里的各种基本需求都可以被满足。同时，在自我实现的层面上，数字世界对人类的想象力、创造力的支持力度，直接跨越了现实世界的各种限制。我们可以把物理世界里无法做到或缺失的各种事物，在元宇宙里予以实现，以此弥补我们内心的遗憾；我们还可以尽情发挥，随手建设摩天大楼，创造新生物物种，甚至可以新建几个星球，体验开天辟地的愉悦！人类对元宇宙的构想，是全球人民共同努力，建设出满足人类大多数需求的数字时代。这是个伟大的任务，必将成为人类追逐自我实现需求的新使命！

 烧脑时刻

最近的哪件事，让你体验到了自我实现的满足感？

探索未知：向外探索，开疆扩土的新维度

在浩瀚的宇宙中，有一颗蓝色星球——地球。当你仔细观察它，会发现巨大的云朵在它的表面形成了花纹一样的漩涡，优美而灵动，而它自身也一直在优雅地旋转。不少科学家坚定地认为，地球是活的，地球是一个超级生物体。而我们人类和所有其他的生命，都是地球这个超级生物体的组成部分，并被赋予了繁衍的基因。也有一些学者认为，生命的所有繁衍、演化都是基因谋求自我生存所产生的结果，人类也是基因繁衍的载体。

我之前看到过一句话，"探索是刻入人类基因的精神"。是不是也是基因正在驱动我们人类不停地探索未知呢？

人类对此的探究一直在进行中，还没有一个定论。早期人类迫于生存的需要，必须不断探索新的区域，寻找食物以保障生存。久而久之，这种探索精神变成了人类基因的一部分。人类探索的范围在科技与文明的发展进程中，不断扩展疆域。从横渡大西洋，登顶最高峰，探秘南极，到今天的探索月球、火星。究其根本，人类的贡献和价值都是在维持地球生命的可持续发展。从这个意义上说，人类建设元宇宙，也是基于基因存续的一种需求。

梵高说，一看见星空，我就开始做梦。面对星空，人类在浮想联翩中发问，这是出自本能的好奇。人类对宇宙的探索永不会停歇，可能我们的问题会是宇宙有多大，太阳有多远。但其实这只是我们人类基因、地球基因向外扩张的表象。

小天，人类的未来到底是星辰大海，还是元宇宙呢？

当我们对元宇宙有了正确的认识，你会发现星辰大海和元宇宙，并不是非此即彼的关系，它们是一件事。在人类发展的历程中，我们一直在探索、发现、研究、创新、升级探索……循环往复。

是否探索只是其中的一个步骤，后面其实还有好多事情要做？

正是这个意思。元宇宙是地球上各类科学领域融合应用的新阶段，这个阶段既是把地球上已知事物通过数字化建设置入元宇宙世界，也是对各类事物进行科学还原、梳理的过程。这就是在人类对地球探索、发现、研究的基础上，以一个创新的方式再次深入探索世界的过程。你们听说过鸟群群飞规律被破解的故事吗？这个困扰生物学家多年的问题，最后是被一位计算机科学家解决的。

我们经常见到的鸟群，比如鸽子，它们都是喜欢群飞的鸟类。大自然里还有一些鸟类，甚至成千上万只群飞。它们的队形飘忽不定，变幻莫测。从生物学来说，这种群飞，既能以团队的力量一起寻找食物，又能保证在第一时间发现捕猎者。而生物学家却没能弄明白，这种群飞的队形，在数量多、速度快的前提下，到底是如何保持的，为什么它们互相不会撞到。

 听上去很厉害啊！计算机科学家是怎么破解这个秘密的呢？

 一个偶然的机会，计算机科学家要以数字化的方式创造一个人工鸟群。于是他开始在程序里为鸟群设置不同的飞行规则，然后看看到底什么样的规则，能够让数字鸟表现得像真实的鸟群一样。最后他发现，在鸟群中单鸟飞行的规则并不复杂，主要有三条：一是速度一致；二是跟飞，别人转弯我也转；三是避免碰撞。就这样，这个未解之谜被攻破了。

 这个跟我爸爸平时开车有点儿像！

是的，如果能保持鸟群的规律，交通应该也会
很畅通。当然我们今天并不是生物课，鸟群的故事
其实是一个非常好的案例，让我们了解到数字世界，
可能会给人类带来更加深入了解地球的机会。这可能会成
为逐一解密物理世界万物规则的伟大过程。

也就是说，我们在数字化各种事物时，其实是在把事物彻底弄明白。

正是这个意思。这也是建设元宇宙的伟大之处。现阶段，人类在不断地
建设地球家园，甚至开启了数字化地球万物的元宇宙进程。这是对地球
建设的一次大升级，也是对地球万物深入研究的新开端！而我刚刚说到
的星辰大海和元宇宙并不对立，也正是基于这个理由。

我明白了。元宇宙不仅可以建设地球、数字化地球万物，还可以建设数
字宇宙的！而且这对我们参透宇宙的道理，非常有帮助！

没错！"天何所沓？十二焉分？日月安属？列星安陈？"这是两千多年前，
屈原对宇宙的发问。两千多年后，中国在航天领域取得让世界瞩目的成就。
2007 年，中国首颗探月卫星"嫦娥一号"完成绕月任务；2013 年，"嫦
娥三号"成功在月面进行软着陆，我国成为世界上第三个掌握落月探测
技术的国家；2019 年，"嫦娥四号"成功在月球背面登陆，并于 2020
年 12 月成功完成样品转移，由返回器将月壤带回地球；2020 年 7 月，
我国的"天问一号"探测器载着人类对火星的好奇与问候，开启了漫漫
征途；2021 年 5 月，"天问一号"着陆巡视器成功着陆火星，完成中国
首次火星探测；2022 年，中国 "天宫号"空间站将完成建造工作。空
间站建成后，将成为中国空间科学和新技术研究实验的重要基地。虽然
中国航天起步晚，但我们在逐步赶超世界发达国家水平，从航天大国向
航天强国迈进。

烧脑时刻

你最想体验什么虚拟场景？
去看星辰大海，还是去看看
人体内的细胞世界？

 是啊，我们的"天宫号"空间站多么壮观！故事书里的"天宫"，已经在天上了！

 人类正主动推进自身的进化。人类的进化已经超越了自然规律，并且正在把进化的方向和主动权握在自己手中。元宇宙的建设也是如此，这是对人类开展各类探索的跟进建设，将我们探明的宇宙数字化还原，不仅帮助人类参悟各种规则和定律，还可以模拟出各种宇宙极端条件，帮助人类拓展探索外太空的能力！这将帮助人类进入到宇宙探索的新维度，实现人类活动范围的新拓展，这也是人类及地球基因在宇宙中实现延续的一种开疆扩土。

第五章

玩转地球，
看懂文明，
宇宙不再远

在火星上探索历史

火星因为其地表被赤铁矿所覆盖，所以也被称为"红色星球"，此刻酷小天和小天团的其他成员正身处这片遍布岩石和沙砾的星球上。

"天问一号"火星探测器于2020年7月23日从海南文昌发射，2021年5月15日成功降落在火星北半球乌托邦平原南部，5月22日10时40分，"祝融号"火星车安全驶离着陆平台，到达火星表面，开始巡视探测。

人类的火星征途，实现了对宇宙探索的小小突破。每前进一步，都从大胆发问、勇敢实践开始。一方面，人类在好奇心和想象力的驱动下，超越自身、关切宇宙，不甘愿做星系中的渺小微尘。另一方面，人类也在积极建设地球、构建万物互联、拓展数字空间。宇宙中的小小地球，借由数字空间的拓展，反而能包容下整个宇宙！

 这确实是件伟大的事。当人类登陆了火星，是否我们就可以根据探明的火星物理形态，建设出一个数字火星？

 你说得对！接下来就让我们一起从数字建设的角度，重新理解一下宇宙吧！我们应该从哪里开始说起呢？

 咱们先说说地球吧！

数字地球：请查收"地球体检报告"

 好，咱们先来讲美丽的地球！

 以前总觉得自己了解的各种地球知识很少，提不起兴趣。但如果自己建设一个数字地球，就不一样了！

 没有好好学习地理知识，后悔了吧？

 建设地球的话，应该不只是地理知识，生物也得会吧！

 是的，如果我们想从数字建设的角度去重新理解地球，那真是需要超级丰富的知识储备了。地理、生物、物理、化学、数学……现在你们知道学习这些基础知识，有多么重要了吧！我们的地球是距离太阳第三近的行星，第一和第二分别是水星和金星。地球也是目前人类已探知的唯一孕育和支持生命的天体。回想一下，你们对地球的了解都有哪些呢？

 地球是颗蓝色的星球，它每天都在自转，所以有了白天和晚上。

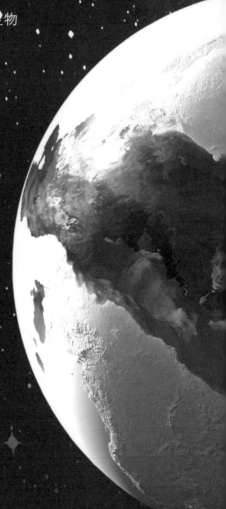

地球绕着太阳公转，转一圈就是一年。

 地球上的条件非常适合生物生存，不过宇宙里就真的没有其他生命了吗？

 看来大家都是地球知识小达人呢！宇宙浩瀚无穷，人类在宇宙中探索其他生命迹象的努力也永不会止步，我们可以继续期待。现在我们来说说地球这颗孕育生命的伟大星球吧！

想数字孪生一个地球，我们需要精准的数据来尽可能地仿真重现地球的各方面要素和条件。首先，地球并不是个完美的圆球体，而是两极稍扁赤道略鼓的椭球体。略隆起的地球赤道半径约为 6378 千米，南、北两极半径约为 6356 千米，如果变成数学题，赤道半径与极半径相减，6378-6356=22 千米，就会直观很多。地球的平均半径约为 6371 千米，赤道周长大约为 40076 千米。其实整个地球的相关数据还有很多，当我们把所知的各项数值都置入数字世界后，一个椭球形的数字地球外观，就被勾勒出来了。下一步我们需要做些什么呢？

大气层

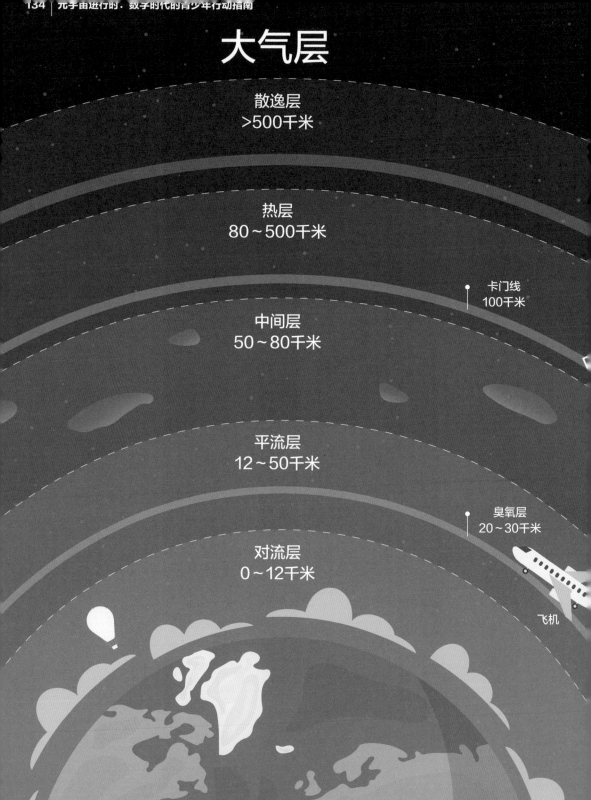

散逸层
>500千米

热层
80~500千米

卡门线
100千米

中间层
50~80千米

平流层
12~50千米

臭氧层
20~30千米

对流层
0~12千米

飞机

 下一步我们就需要根据地球的构造来逐层建设了吧？地球有大气层、地壳、地幔、地核。

 小萱，你很棒啊！围绕地球周围的大气层，是由于地球引力而围绕着地球的一层混合气体，就是我们呼吸时刻都离不开的空气。大气层主要由氮气和氧气组成，其主要成分包括：氮气78%、氧气21%、氩气0.93%、二氧化碳0.03%，此外还有水汽和尘埃等。数千千米厚度的大气层确切地说并没有上界，在离地表2000~16000千米高空仍有稀薄的气体和基本粒子，在地下，土壤和某些岩石中也会有少量气体。大气层也是地球生命的保护层，在20~30千米高处，氧分子在紫外线作用下，形成臭氧层，像一道屏障保护着地球上的生物免受紫外线及高能粒子的袭击。

 元宇宙的数字世界里，为什么需要建设大气层呢？数字人也不用呼吸呀？

 我们的数字分身虽然在数字空间里不需要呼吸，但作为生物赖以生存的必要条件，这些参数都是数字孪生地球不可缺少的重要组成部分。这也将成为未来我们衡量其他星球生物生存条件、改造其他星球大气环境的重要参考指标。

 哦，明白了，比如去火星！听说火星上的大气成分，就跟地球非常不同。如果人类今后想在火星生活，就必须想办法参照地球上的大气成分，解决在火星上呼吸的问题。

是的。科学家们经过计算，认为地球上的大气总质量约为 6000 万亿吨，差不多占地球总质量的百万分之一。制造出这么多空气，其实是地球上所有因素共同作用的结果。因此如果想在火星上制造空气，我们有必要继续探究一下地球的结构和地球上的各种元素！

大气层之下的部分，就是地球本体了。地球的结构由外向内，分为三个同心球层，它们分别是地壳、地幔、地核。这三者之间的关系，有些像鸡蛋中蛋壳、蛋清、蛋黄的关系。

地壳是指由岩石组成的固体外壳，地球固体圈层的最外层，是由富含硅和铝的硅酸盐岩石所组成的硬壳。地壳占地球总厚度的 0.2%~1.1%，结构上有点像鸡蛋中的蛋壳部分，是包括人类在内的地球生物生存和活动的地方。整个地壳的平均厚度为 33 千米。地壳的厚度随位置的不同变化较大，大洋地壳较薄，平均厚 6 千米，最薄处不到 5 千米；大陆地壳较厚，平均厚 35 千米，最厚处可达 70 千米，比如我国青藏高原。

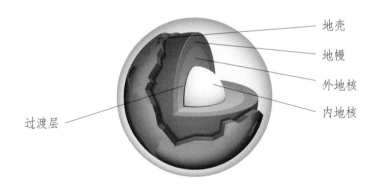

地幔是地壳下面、地核上面的中间层，厚度约 2900 千米。地幔有些像鸡蛋中的蛋清，由致密的造岩物质构成，这是地球内部体积最大、质量最大的一层。地幔分成上地幔和下地幔，一般认为上地幔顶部存在软流层，可能是岩浆的发源地。下地幔温度、压力和密度均增大，物质呈可塑性固态。

地核就是地幔下面的地球核心部分了，位于地球的最内部，半径约有 3400 千米，结构上有些像鸡蛋里的蛋黄部分。地核可分为外地核、过渡层和内地核三层。

以上便是地球的全部结构了。不过你们知道地球的总质量是多少吗？该怎么计算呢？

我大概知道一些，地球的总质量可以用万有引力定律去测算。

是的，科学界公认的地球质量是根据牛顿的万有引力定律去测定的。通过这样的方法测定出的地球总质量约为 60 万亿亿吨。

用同样的原理，我们是否也可以计算太阳、月亮和其他天体的质量了吧？

是的。不仅如此，科学家们还计算出了地球的第一宇宙速度是 7.9 千米 / 秒，这个速度是卫星脱离地球引力进入太空的最小速度。发射航天器需要多少燃料，火箭升空后运行轨道的数据等，都需要用到地球质量这个参数来计算。

我想问问大家，你们知道在这个 60 万亿亿吨质量的地球上，有哪些元素？

有氧、铁、铝、碳、硅、铜……

整体来看，目前已探明的地球上的天然元素有 94 种，还有 24 种元素是人工合成的，因此地球上的已知元素达到了 118 种。科学界认为，地球上的很多元素源于宇宙，每一代恒星都为此做出了贡献，这些元素被称为来自恒星的礼物。超新星遗迹和中子星碰撞的产物，以及行星状星云都把恒星内合成的各种元素扩散到星际物质里去。星际物质聚集成星云，从星云中形成恒星和它周围的行星。太阳约在 50 亿年前从太阳星云中凝聚而成，我们的地球随后诞生，是许多代恒星的后裔，于是就"继承"了相当多的元素。你们知道人体有多少种元素吗？

这太有意思了！地球的元素来自宇宙，那我们身上的元素必定来自地球啊！

目前自然界已知的 90 多种元素中，在人体内就能发现 60 种左右。而其中的碳、氧、氢、氮、钾、钠、钙、镁、氯、硫 10 种元素，占比达 99.95% 以上。

怪不得我们常用地球母亲这个说法呢！这么看，女娲捏泥人创造人类的故事也很超前，人确实很像是地上的泥做的，成分都没差太多！

 这真是个有意思的说法！接着女娲捏人的故事，我们来继续"捏地球"，看看地球的表面到底是什么样的。

地球表面的总面积约为 5.1 亿平方千米，其中陆地面积约占地球表面积的 29%，海洋面积占地球表面积的 71%。地球表面未被海水淹没的陆地包括大陆和岛屿。面积广大的陆地称大陆，全球有亚欧大陆、非洲大陆、北美洲大陆、南美洲大陆、澳大利亚大陆和南极洲大陆六块，约占陆地总面积的 93%；四周被海水包围的小块陆地称岛屿，约占陆地总面积的 7%。大陆和它附近岛屿合在一起时被总称为大洲，即亚洲、欧洲、北美洲、南美洲、非洲、大洋洲与南极洲，其中亚洲和欧洲同在亚欧大陆上。陆地表面起伏不平，有山脉、高原、平原、盆地等。陆地上的最高峰就是珠穆朗玛峰了，高度是 8848.86 米。

地球有"蓝色星球"之称，因为地球的表面被大面积的水域所覆盖，这是地球有别于太阳系中其他行星的显著特征之一。航天员从太空俯瞰地球时地球所呈现出的蓝色，正是在地球表面的海水和太阳光的合力作用下生成的。地球上的水圈主要由海洋组成，而湖泊、河川以及可低至 2000 米深的地下水也占了一定的比例。

 既然地球上的水这么多，为什么人们还总是强调缺水呢？

 这是一个非常有意义的问题。其实地球上的水约 97% 为海水，只有约 3% 是淡水，而这 3% 的淡水中大部分以冰川、地下水等形式存在，剩下只有约 1% 的淡水可以为人类所用。所以我们可以说地球上并不缺水，但人类其实是非常缺水的。

在大气层的保护下，在合适的温度条件下，地球形成了适于生物生存的自然环境，也就是生物圈。那么，你们知道在地球上有多少物种吗？

 这可真是个难题了！我之前听科学老师说过，这一直都没有准确数字。

生物是指地球上有生命的物体，包括植物、动物和微生物。地球生态圈里到底有多少物种，是多年以来生物学家一直在尝试解决的统计问题。由于不同研究者用不同方法得到的物种数量不同，这个数字一直没能被准确计算出来。其实在地质历史上，还曾生存过数以亿计的生物，但它们已经在地球漫长的演化过程中灭绝了。今天，由于人类活动边界的不断扩张、人类生产造成的环境污染、温室气体排放造成的气候变化等诸多问题，使世界上的多种植物和动物，处在濒临灭绝的境地。

气候变化最近几年有些明显，极端天气确实越来越多了！

烧脑时刻

你知道有哪些保护地球生态环境的举措吗？

当我们从数据的角度观察生物时，就会发现所有生物对于气温变化都非常敏感。天气寒冷，植物便开始凋零。人类自己也同样需要稳定的温度环境，体温升高或者失温，都会直接损伤身体。

伴随着人类社会发展及生产规模的不断扩大，温室效应持续加强，导致全球平均气温不断攀升。当今人类面临的重大全球性挑战随之而来。全球气候变化则进一步刺激了地球的某些"敏感神经"，如北极海冰面积的持续减少。这如同推倒了第一张多米诺骨牌，导致了更加复杂和剧烈的气候变化，引发了更加频繁和更具破坏性的自然灾害。

世界各国科学家通过长期的持续观测和探索研究，证实温室气体排放与全球气候变化之间存在直接联系。应对气候变化，既事关中华民族的永续发展，更事关人类前途命运。我国已将应对气候变化摆在了国家治理的突出位置，督促各行业持续性的主动节能减排。尽最大努力做出环保贡献的同时，中国还积极参与引领全球气候的治理。保护地球与自然，已经刻不容缓，我们每个人都需要从现在开始行动。

数字文明：传承文化宝藏，创造新智慧

 现在我们来谈谈人类文明！当我们从数字的角度审视人类的发展情况时，大家都想到了什么呢？

 我知道的是地球的人口一直都在增长！

 地球上有很多人种，大家的肤色、发色，还有眼睛的颜色都不一样。

 你们说得都很好！多年以来，地球的人口一直在增长，截止到2021年，全球人口总数约为76亿。世界各地的人口通常按照肤色、眼色、毛发、头型、脸型等体质特征，被划分为黄种人、白种人、黑种人三大人种。现在我要问你们一个问题了，如果我们要在数字世界里重建一个地球，把人口置入到数字地球上的时候，你们知道该怎样在地球上分布这76亿人口吗？世界人口分布你们了解吗？哪些地方人口稠密，哪些地方人口稀少呢？

亚洲人口最多吧？

当然，中国是世界上人口最多的国家呀！

是的，二毛说得对。中国以约 14.1 亿的人口数量，位居第一。地球上有七大洲，它们按面积大小依次为亚洲、非洲、北美洲、南美洲、南极洲、欧洲和大洋洲。但是 76 亿左右的地球人口，并不是平均分布的。当我们从数字角度重新观察地球时，就会发现很多非常有意思的数据。

比如，地球上的人口分布是受环境因素影响的。中低纬度的临海地带，气候温和、降水较多的平原和盆地地区，人口分布最为稠密，比如亚洲东部和南部，欧洲西部以及北美洲东部等。而干旱的荒漠、原始热带雨林、寒冷的极地、空气稀薄的高山地区，就是人口稀疏的地区了。地球上人口的增长，也有非常显著的特点。1800 年以前，世界人口增长非常缓慢。1800 年以后，世界人口则进入了迅速增长的时期。具体数据大家可以看看下面这张人口增长列表。

思考一下，人口增长和什么因素有关呢？

人口	10 亿	20 亿	30 亿	40 亿	50 亿	60 亿	70 亿
年份	1804	1927	1960	1974	1987	1999	2011
增长 10 亿人口所需时间	—	123 年	33 年	14 年	13 年	12 年	12 年

截至 2021 年，世界上共有 230 多个国家和地区，有 2000 多个民族。而这些民族的社会、经济、文化分别处于不同的发展阶段上。其中，有人口 1 亿以上的民族，也有不足千人的民族。我国汉族是世界上人口最多的民族，有近 13亿人，而菲律宾棉兰老岛的塔萨代族是人数最少的民族，人口不足 30 人。

世界上有这么多民族啊！我以前就只知道中国有 56 个民族。这得有多少不同的文化和历史故事呀！

是的，如果我们想在数字世界里以视觉呈现的方式，全部重现地球人类文明发展的共性和个性，就需要把重建时间的概念带入到元宇宙里面了。那真是一个伟大的工程！

重建时间？这个可太厉害了吧！科幻片的味道来了！

时间本身就是宇宙里的最大谜团！随着一分一秒的时光流逝，万物都在发生着变化。我们是无法离开时间而只谈空间的。要重建数字地球世界，重建时间当然是必不可少的。而元宇宙这种重建的方式，也将是人类记录自身历史最高级的手段和呈现方式了！当我们从这个视角出发，还会发现一件非常有意思的事情——原来人类历来都是非常乐于梳理和记录自身发展历史的，我们就是即将接棒的一代！从时间的维度去看，杰出的历史学家、人类学家们其实早已将人类文明的发展史，以非常清晰的方式勾勒了出来。在时间线上，数字也历来是概括和划分它们的好办法，你们听说过"四大文明"吗？

我听过人类文明起源的故事，有四大文明古国。

世界历史的时间轴上有四大文明古国：古代埃及、古代巴比伦、古代印度、古代中国。这些文明均发源于森林茂密、水量丰沛、田野肥沃的地区。但随着生态环境退化，特别是严重的土地荒漠化，古代埃及、古代巴比伦最终衰落。

一个文明想要有所发展并不容易，人类从狩猎时代进入农耕时代，所需条件非常苛刻。我们以最古老的古埃及文明为例。首先要有一条大河，能够为农业耕作提供充足的水源，养活足够多的人口。因为从事农耕的人没法像从事游牧的人随时处于战备状态，遇到不利情况可以群体迁移。所以农耕部落必须足够大，有一定数量的战斗人员保护部落，才能持续生存。

光有大河还远远不够, 适合生存的气候条件同样重要。干燥少雨, 气候温和, 才能满足农作物生长的需求。因此河流聚集的多雨地区, 其实已经被排除在外了。这些地方往往森林茂密, 在生产工具落后的原始社会, 人类是无法在森林里开拓耕田的。大量的降雨还不断地带走地表土壤里的有机物, 而农作物根系很浅, 无法在贫瘠的土地里生长并结出果实。而在那些周边没有大森林的平原土地上, 常年河水泛滥, 不断地带来泥沙, 冲积成肥沃的平原土壤。干燥少雨使地表浅层土壤营养丰富, 气候温和适宜农作物生长。只有完美符合上述条件, 才能孕育出原始的农耕文明。

埃及尼罗河下游就是这样的地方, 由于尼罗河上游降雨量大, 每到夏天便河水暴涨。河水穿过撒哈拉沙漠后, 大量的泥沙在下游堆积成平原。同时这一地区不受海洋季风影响, 基本上见不到雨, 土地肥沃, 是农作物生长的宝地, 最古老的文明——古埃及文明由此孕育。

那我们的中华文明，也一定是符合这些条件才诞生的吧？

 的确如此。早在公元前 6000 多年，黄河流域就已经种植粟、黍等旱地作物。黄土土层深厚、质地均一，结构疏松易于耕作，土中含有比较丰富的钙、磷、钾等矿物养分。农业的发展对人类生活产生了全面的影响，为走向文明社会奠定了初步的基础。人类只有进入农耕社会以后，才有了真正的文字，算得上真正的文明，今天的文明都是在农耕文明的基础上发展而来的。

从中国历史看，奔腾不息的长江、黄河，哺育了灿烂的中华文明。而在生态退化导致文明衰败方面，我国古代一些地区也有过惨痛教训。

以史为鉴，可以知兴替。当我们从时间的角度去观察时，可以看到生态环境不仅关乎生命存续，也关乎文明传承。这将让我们更加深刻地理解"生态文明建设是关系中华民族永续发展的根本大计"这句话的深远含义。

 环境保护真是太重要了，学习历史也很重要！

 接下来，我们也来看看人类文明发展中的那些伟大思想者吧！当我们尝试数字还原这些内容，你会发现特别有意思的事情。在空间上大概位于地球北纬 30 度，就是北纬 25 度至 35 度，在时间上是公元前 800 年至公元前 200 年。在这个时空里，出现了人类文明发展的重要时期，也是塑造人类精神与世界观的大转折时代。

 这也太神奇了吧？

德国思想家雅斯贝尔斯把公元前 500 年前后称为轴心时代，该时期中国、西方和印度等地区同时出现人类文化突破现象。闻一多先生可能是我国最早明确意识到轴心时代现象的学者，他在《文学的历史动向》一文中说到，"人类在进化的途程中蹒跚了多少万年，忽然这对近世文明影响最大最深的四个古老民族——中国、印度、以色列、希腊——都在差不多同时猛抬头，迈开了大步。"

确实神奇！在那个沟通不畅的年代，真想不明白这是如何做到的！

在当时的条件下人类进入精神文明的重大突破时期，各个文明都出现了伟大的思想家——古希腊有苏格拉底、柏拉图、亚里士多德等，以色列有犹太教的先知们，古印度有释迦牟尼等，中国有孔子、老子、墨子等。他们都创立出各自的思想体系，这些思想搭建起了人类精神思想的根基，至今还影响着我们的生活。

古希腊文明在两河文明和古埃及文明的熏陶下具有鲜明的西方特点。泰勒斯、毕达哥拉斯、苏格拉底、柏拉图、亚里士多德等人奠定了西方古典哲学的框架和西方文明的基础。苏格拉底、柏拉图、亚里士多德等几代师徒相承，将理性思维、真理与本质的思想推向了高

潮，并间接影响了古代各门学科。亚里士多德那句名言"我爱我师，但我更爱真理"，更是当时思想家们追求真理至上的写照。哲学、天文学、历史学、数学、医学、艺术也在这一时代突飞猛进。这些都为后来西方文明发展，留下了宝贵的精神财富。

古以色列在这一时期，民间出现了一批先知。他们有着独特的智慧，在严重的民族危机和社会矛盾面前，极力强调对唯一真神的崇拜，抨击注重外在仪式的祭司宗教，提出内在信仰和道德戒律。

古印度文明，在文学、哲学和自然科学等方面对世界文明作出了独创性的贡献。在文学方面，创作了不朽的史诗《摩诃婆罗多》和《罗摩衍那》；在哲学方面，创立了"因明学"，相当于今天的逻辑学；在自然科学方面，最杰出的贡献是创造了包括"0"在内的 10 个数字符号。从印度河的哈拉帕文明到雅利安人的恒河文明，至释迦牟尼、大雄等奠定了古印度文明的根基。

华夏文明也在这个时期进入百家争鸣的时代，春秋战国（公元前 770 年—前 221 年）是中国历史上思想和文化最为辉煌灿烂、群星闪耀的时代。这一时期出现了盛况空前的诸子百家争鸣。老子的《道德经》体现了朴素辩证法，与古希腊哲学遥相呼应。孔子开创的儒家，成为后世中国的主流思想。道家、儒家、法家、兵家、墨家等相继登场，共同构建起中国文化思想的基本框架。

 我刚学过荀子的《劝学》。如果让我劝别人好好学习，我会推荐他把《劝学》里写的好好背一背！两千多年前的思想家实在太厉害了！

 是不是突然觉得，历史中的宝藏太多了！当你细读历史，你会发现，传统不仅仅是古代的，更是今天的。古代的知识完全可以转化成今天的智慧！

 我觉得古代的思想家，仿佛比现代人懂得都多，怎么会那么聪明呢！那时候的世界，跟现在一点儿都不一样。而世界到底是怎样一步一步发展到今天的呢？

 世界的各大文明区域形成以后，农耕文化不断发展，文明程度不断提升。而各文明与周边游牧民族之间的争战也拉开序幕。一个个国家相继诞生，人类也进入了英雄辈出的年代！在中国，也就是春秋战国时代以及奠定中国版图的秦汉帝国，在欧洲是亚历山大帝国和罗马帝国，在中东是波斯帝国，在印度则是孔雀王朝和笈多王朝等，他们将游牧民族挡在了国境之外，奠定了人类文明区域的基本范围，将亚欧大陆从东向西连接了起来，使人类的农耕文明连成了一个整体。农耕文明后，西方经历了文艺复兴、地理大发现、宗教改革、科学革命、启蒙运动等各种变革，逐步迈入工业时代。这里，我们就来重点说一说工业革命吧。

工业革命的时候，蒸汽机的发明，大大提高了人类的生产效率。

 是的。西方人率先突破农耕文明的瓶颈，将人类带入了工业时代。但其实我们不能简单地把新技术的发明直接定义为工业革命。更准确的说法应该是英国的第一次工业革命开端于新技术的发明。第一次革命先是从钟表工人发明飞梭开始，该发明把织布效率提高了一倍，织布用的棉纱供不应求；大约过了 30 年，珍妮纺纱机和水力纺纱机被发明出来，纺

纱的速度又超过了织布的速度，棉纱大量过剩。直到机械动力的织布机发明后，这种布和纱之间的矛盾才算基本解决。但机械动力又该怎么解决呢？最后，瓦特改良的蒸汽机真正解决了问题。技术创新造就的生产效率提升，像多米诺骨牌一样传导下去，并导致了整个生产组织形式的变革。整个工业的组织、结构、形态都发生了变化，重新制定了生产制度，现代意义上的工厂制度出现了。因此工业革命不仅仅是生产技术革命，还包括生产制度和生产观念的变革，是一个综合性的系统工程。

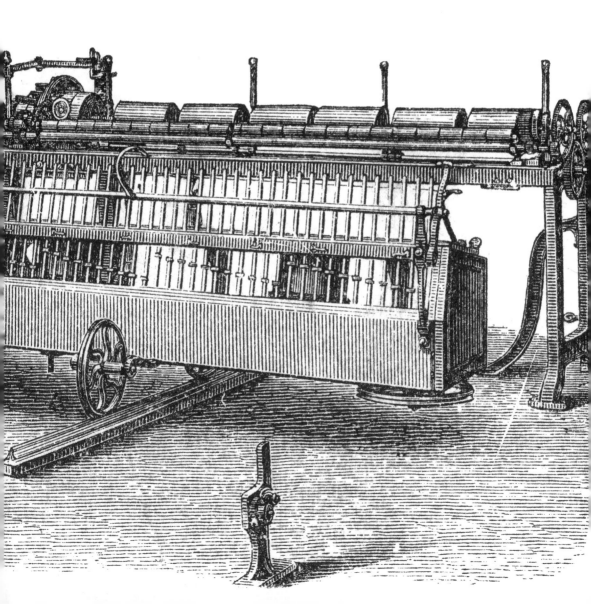

你们觉不觉得，这其实跟元宇宙建设有点儿像，都是制度和观念的变革，都是复杂的系统工程。

这是不是也印证了那句话，历史是循环的。

菠菜、二毛，你们真棒！已经开始领悟事物发展的规律了。其实人类今天依然还在这个工业发展的进程中，我看到不少行业学者把目前这个阶段命名为第四次工业革命。今天，人类已经迈入信息化时代了！

人类发展的历史灿若星河，还有很多精彩的历史瞬间和文明宝藏，等着你们去探寻和挖掘。当我们把人类历史事件逐一置入数字世界，我们也必将获得更多探索人类自身并传承智慧之光的新契机。

最后，我要给你们提出几个思考题。我国是世界四大文明古国之一，纵观历史，中华文明具有独特的文化基因和发展历程。我国浩如烟海的文献典籍记录了中国 3000 多年的历史，同时在甲骨文发明以前中华大地还有 1000 多年的文明发展史、超过百万年的人类发展史并没有文字记载。如何在元宇宙建设过程中，解读中国悠久的历史和灿烂的文化呢？如何把这些无价的宝藏转为新智慧和新知识？我们应该如何建设出具有中国特色、中国风格、中国气魄的元宇宙呢？

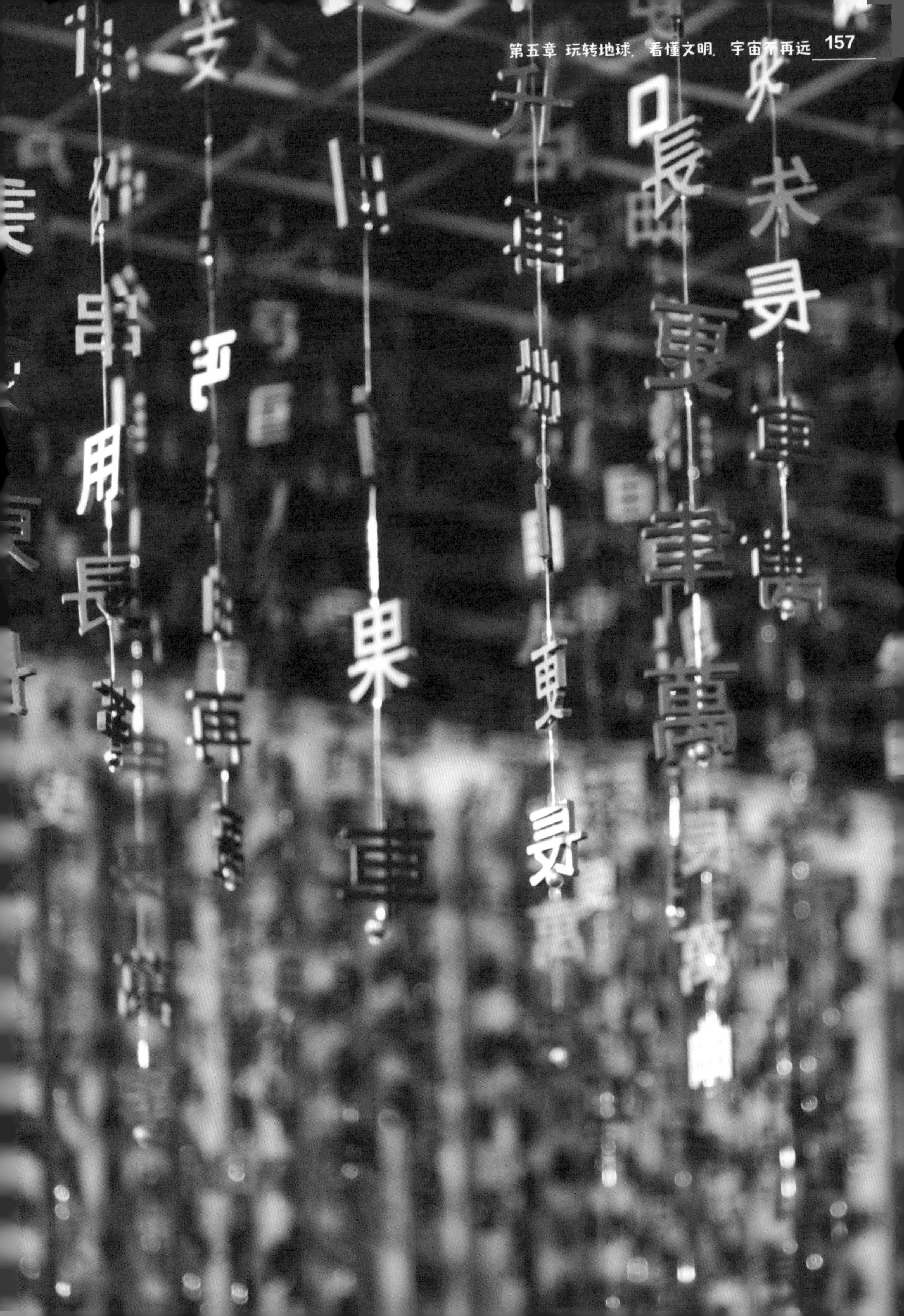

数字宇宙：星河无边，探索无限

 现在我们要在元宇宙的视角下，探讨星辰大海了！我们的探讨是基于人类已经相对探明的宇宙空间，即已知的宇宙。

 我想问个问题，其实除了航天员，人类几乎都没有离开过地球。那我们人类到底是怎样解开各种宇宙奥秘的呢？这算是真的探明了吗？

 我觉得探索宇宙奥秘，可能也是写在人类 DNA 里的东西。不然我从小怎么会那么喜欢跟宇宙有关的视频和图书呢！什么外星人啊，宇宙大爆炸啊，自己经常琢磨这些谜题！

 我曾看过这样一段话，"人类的文明史有多久，人们探讨'宇宙'的历史就有多久。"这话既概括了过去，也预示了未来。我刚刚用的"相对"探明，其实也正是针对小萱说到的情况。科学要严谨，真相需要一代代科学家去探索和追寻。人类虽然刚刚走出地球，但从古至今，人类对于宇宙的遐想，与我们现在去预想元宇宙未来发展场景，其实如出一辙。这既是想象力的爆发，也是基于人类文明科技发展基底做出的超级预测。我们先来梳理一下关于宇宙的基础知识吧，看看我们如何把数字宇宙建设出来！

 这次我先提个问题，宇宙到底是什么呢？我们到底应该建多大的数字宇宙呢？

宇宙是一切时间、空间、物质、能量的总和，它客观存在，不以人的意志为转移，并处于不断运动和进化中。宇宙就是万物的总称，是时间和空间的统一。而在回答二毛的"我们到底应该建多大的数字宇宙呢？"这个问题前，我们得先探讨一下宇宙到底有多大。

这个问题岂不是更难回答？宇宙不是无穷大吗？又该怎么回答呢？

是的，宇宙到底有多大，人类没有找到答案。而如果宇宙没有边际，那么"宇宙有多大"这个问题都问错了。目前，我们对宇宙多大的理解，只能基于人类能观测到的最远星系来定义。从资料看，人们已观测到的离我们最远的星系是 134 亿光年，当然，这个距离还会不断地被刷新。那么 134 亿光年是多远的距离呢？

这个我知道，134 亿光年就是光跑 134 亿年的距离。

没错，更准确的说法应该是一束光以每秒 30 万千米的速度从地球出发，需要经过 134 亿年才能到达的那个距离。要知道，光速是宇宙中最快的速度。

这就是说，1 秒钟光可以跑 30 万千米的意思吧？我之前读到过，光 1 秒钟可以绕地球跑大约 7 圈半。那光年，不就是光跑一年的距离啦！

光跑 1 年的距离就已经很惊人了，134 亿光年那得多远啊，烧脑了！

就是因为天文数据都太过庞大，因此我们就需要更大的尺度来定义这种距离。光年就是计量天体距离的长度单位。简单来说，1 光年的距离相当于地球到月球距离的 2500 万倍左右，地球到太阳距离的约 6.3 万倍。

单从光年这个距离单位上,我已经感觉到宇宙的压迫感了。哈哈!

 宇宙再大,我们还不是可以把它装进脑子里,装进数字世界里吗?人类渺小却伟大!小天,我们如果建设出数字宇宙,那是不是不管多远,也可以一键到达了?

 理论上是这样的,我们只要确认好目的地的宇宙坐标就行了。

 这可太好了!不过宇宙那么大,我们应该先建设什么呢?

 我先来跟大家分享一下现阶段人类对宇宙的认知吧。我们把构成宇宙的基本单位称之为星系,星系是指数量巨大的恒星系和星际尘埃组成的运行系统。比如我们抬头就能看到的银河系,就是一个包含恒星、气体、宇宙尘埃和暗物质,并且受到重力束缚的大星系。科学家们认为宇宙中有 1000 亿到 2000 亿个像银河系这样的星系。我们肉眼就能看到的大多数光点就是银河系里的恒星,但除了银河系之外,也有大量的发光体是与银河系类似的巨大恒星集合体,我们称它们为河外星系。

 宇宙可真是五彩斑斓啊!我们常看到的宇宙图片都是真实拍摄的吗?

以往我们经常看到的各种宇宙照片，色彩绚丽而梦幻。但这并不是宇宙真正的颜色，因为天文望远镜拍摄到的原始图片事实上是黑白的。这些美丽的色彩是科学家们为了能让大家更直观地了解宇宙，通过数字制作的。例如用蓝色代表远红外光线，因为不少天体发出的光线波段，是人的肉眼无法看见的。航天探测器上的相机，它需要拍摄不同波长下行星、星云、恒星的照片，例如蓝光下、红光下、绿光下，还有很多非可见光，例如 X 射线等。相比于彩色照片，黑白照片可以捕捉到所有可能捕捉到的光子，在短时间的曝光下，它获得的照片分辨率、清晰度、对比度要比彩色照片高很多，这样的照片对于科学研究来说更有价值。因此中国"天问一号"回传的第一张火星照片也是黑白照片，这是"天问一号"在距离火星 220 万千米的地方拍摄的。

这么看，我们印象中的宇宙确实很有元宇宙味道。小天，宇宙太大了，要建设数字宇宙，应该从建设银河系开始吧？

 小宝，你有点儿小看银河系了，对咱们来说，银河系也是大到几乎没边儿的。

 银河系就是地球和太阳所属的棒旋星系，银河系呈旋涡状，有 4 条螺旋状的旋臂从银河系中心均匀对称地延伸出来，旋臂相距 4500 光年。银河系的恒星数量为 1000 亿到 4000 亿颗。

 4500 光年，1000 亿到 4000 亿颗恒星。我还真是小瞧银河系了。

 我们的太阳，就是银河系 1000 亿到 4000 亿颗恒星们中的一颗，是由炽热气体组成的，能自己发光的球状天体。恒星都是气体星球，正常恒星大气的化学组成都与太阳大气差不多。太阳是距离地球最近的恒星，其次是处于半人马座的比邻星，它发出的光到达地球需要 4.22 年。

 那比邻星离我们的距离，就是 4.22 光年。

 正是这样。在天气晴朗，且没有月光的夜晚。我们大概可以用肉眼看到 6000 多颗恒星。如果借助于望远镜，则可以看到几十万乃至几百万颗以上。这些恒星就距离地球很遥远了。

地球是太阳系里的一颗行星。太阳系位于距银河系中心 2.4 万 ~2.7 万光年的位置，太阳系以太阳为中心，是个受太阳引力约束在一起的天体系统。截至 2019 年 10 月，太阳系包括太阳、8 个行星、近 500 个卫星和至少 120 万个小行星，还有一些矮行星和彗星。

根据国际天文学联合会 2006 年通过的"行星"新定义，行星需要具备如下条件：

1. 必须是围绕恒星运转的天体。
2. 质量必须足够大，自身的吸引力可以使其呈圆球状。
3. 不受到轨道周围其他物体的影响，能够清除其轨道附近的其他物体。

一般来说，行星的直径必须在800千米以上，质量必须在50亿亿吨以上。通过下面这张八大行星的远近排列、大小体积的图片，我们可以直观地感受一下行星的状态。

另外，八大行星的质量和体积不成正比。

八大行星质量从大到小依次为：木星、土星、海王星、天王星、地球、金星、火星、水星。

八大行星体积从大到小依次为：木星、土星、天王星、海王星、地球、金星、火星、水星。

水星　　　　金星　　　　地球　　　　火星

我们还是先考虑从建设数字太阳系开始吧。毕竟登上月球的人类都很少，对火星的深入探索，也才刚刚开始。

 小萱说得有道理。人类对太阳系的探索，其实还远没有完成。但我们正在朝这个目标不断努力，我国目前的航天技术在各方面屡屡取得重大突破。目前，中国正在组织专家深化论证太阳系边际探测方案，向 150 亿千米外的深空迈进。

 科学家们探索的范围越大，我们能在数字世界里面还原的宇宙范围也就越大了！这次探索，科学家们会不会在太阳系里找到地球以外的生命和文明呢？

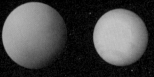

木星　　　　　　　　土星　　　　　　　　　　　　　天王星　　　海王星

人类是属于繁星的，地球也注定不是孤独的。国外的研究学者们通过估算，认为包含地球文明在内，整个银河系内至少有 36 个智慧文明。只是碍于距离，我们可能永远不会知道彼此是否存在或曾经存在。天文学家弗兰克·德雷克（Frank Drake）于 1961 年提出了一个可以计算银河系中智慧文明数量的方程式：

$$N = R_* \cdot f_p \cdot n_e \cdot f_l \cdot f_i \cdot f_c \cdot L$$

其中，

N = 银河系内可能与我们进行通信的文明数量；

R_* = 银河系中恒星形成的平均速率；

f_p = 拥有行星的恒星所占的比例；

n_e = 行星系中类地行星的平均数；

f_l = 类地行星中发展出生命的行星所占的比例；

f_i = 拥有生命且最终发展出智慧生命（文明）的行星所占的比例；

f_c = 能向宇宙发射可探测信号表明其存在的文明所占的比例；

L = 这种向宇宙发射可探测信号的文明的平均寿命。

虽然学者们认为这个方程式并不是一个解决问题的工具，而更像是一种哲学性的启示。但正因为如此，我更希望把它分享给大家，以此致敬人类勇于探索的精神和决心！

我们并不是第一代站在前端的探索者，当然也注定不是最后一代。当我们从数字的角度去理解宇宙万物时，这也恰恰是元宇宙数字时代为人类文明做出的最大贡献！元宇宙时代就是人类的星辰大海，一旦数字宇宙建设完毕，则一键点击万物皆会从中而来。这个时候，我们只需要做出选择，到底要跳跃到数字宇宙中去看什么？是前往第一颗恒星开始燃烧的时刻，还是去见证地球第一个生命的伟大诞生。

烧脑时刻

宇宙的无边无际，会影响你探索宇宙的决心和勇气吗？

第六章

如何参与
元宇宙建设

在元宇宙里畅想未来

作为本次探索的最后一站，酷小天决定带大家去数字人朋友家里做客！她住在元宇宙雪山深处的一个雪屋里。那个雪屋外观看上去不大，但听说雪屋里有一个可以自由穿梭于各个时空的传送门。据说雪屋里还有很多书，有一张红色的漂亮沙发、一个扭着腰的小柜子、两幅小画，还有一张能把自己关在里面读书的书桌！你们猜猜，那是谁的家呢？

梅涩甜姐姐，在来你家做客之前，我们小天团一直在尝试了解元宇宙的各种知识。

 小天团真是学习意识超前呀！以目前的技术发展来看，虽然元宇宙还处于起步阶段，但在未来的 5 ~ 10 年，元宇宙可能会逐步进入到快速发展时期，你们也必将投身于人类发展进程中，开始引领科技的发展、创造幸福生活、传承人类文明。元宇宙的数字建设是一个巨大而复杂的过程，但只要参照现实世界去理解这个问题，你们很容易就能弄明白。而建设这个世界的第一步，正是应该从引导青少年们了解元宇宙知识、初步构建建设元宇宙的思路开始。很高兴能跟大家交流，希望大家早日找到自己的兴趣和志向，成为卓越的元宇宙建设者！

数字时代的职业规划

 作为元宇宙的准建设者，我们来思考一些跟自己有关的问题吧！你们想知道是谁正在建设神奇的元宇宙世界吗？要想成为元宇宙建设者，我们到底应该具备什么本领呢？

其实我也想问，人工智能方面的专家，到底是学医的专家还是学电脑的专家呢？

元宇宙注定是个多元科技深度融合的超级综合体。这意味着我们需要拥有宽泛的多学科知识面和对世界深刻的理解，以非常高的标准来要求自己。下面我们就来简要说明一下吧！

如果你想成为元宇宙数据传输的相关建设者

数据传输是元宇宙的网络通信基础，是元宇宙建设中重要的新基建行业。现阶段，我国新基建核心技术人才缺口很大，如 5G 产业的核心人才，其中通信工程、电子信息工程、光信息科学与技术专业背景的人才最为稀缺。如果想成为这方面的专家，你需要学习电子技术、现代通信技术及应用通信原理、接入网设备安装与维护、数据网组建与维护、交换设备运行与维护、移动通信系统分析与测试、光传输网络组建与维护、通信工程项目管理等方面的相关知识。

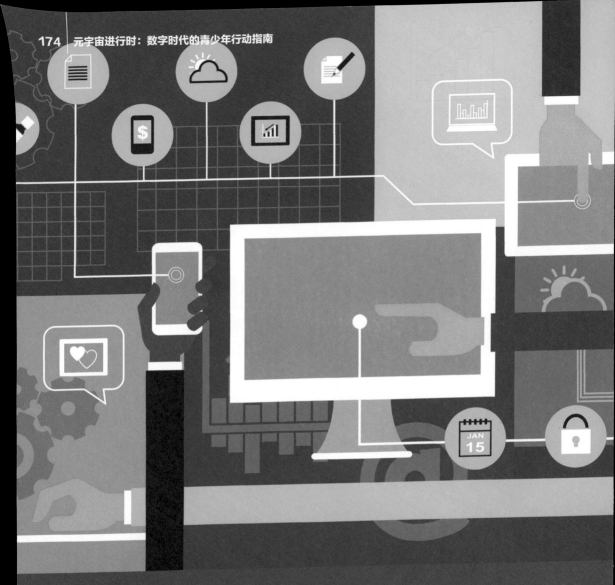

如果你想成为云计算行业的专家

　　云计算是元宇宙的算力基础，同样是元宇宙建设中新基建行业。云计算行业人员专业多是计算机偏软件方向，从事云计算的系统建设、运行维护、测试评估、安全配置、服务开发与管理等工作的高素质技术技能人才。数据显示，预计在未来5年我国云计算产业将面临150万人的人才需求。想成为云计算相关的元宇宙建设者，你需要掌握计算机网络、云计算、信息处理与安全等知识，具备虚拟化、数据存储及管理、云安全、云平台搭建与运维管理、大数据及云服务开发等基本能力。

如果你想成为区块链行业的一员

区块链行业被认为是元宇宙行业中最受欢迎的领域。区块链提供元宇宙运行所必需的认证体系，为元宇宙赋予了价值维度。2021 年底，北京市人力资源和社会保障局发布的 30 个新职业薪酬排行榜中，区块链工程技术人员的薪资位居榜首。如果有志于从事该行业，最好有计算机专业背景，同时应具备数学、密码学、经济金融等多学科知识。

如果你想设计元宇宙里独特的沉浸交互体验

在元宇宙中，真实的观感和沉浸式的体验是其最吸引人的地方。元宇宙沉浸感的突破口在于交互技术，交互技术相关的交互设计专业无疑也是元宇宙领域中的"香饽饽"。想要从事这个行业，我们需要学习包括计算机科学、心理学、工业设计、信息学、社会学等方面的多个学科。而在实际学习的过程中，理工类学校的教学偏人机交互，看重的是交互流程和交互形式，更多地研究实体或机器的交互；而艺术设计类院校的交互设计则偏重于界面交互、界面布局，以及如何在有限的界面空间中，利用图案、文字、声音等方式来提示用户完成操作。

如果你想成为元宇宙时代的大数据专家

伴随着元宇宙中万物智联时代的开启，上到国防部，下到互联网创业公司、金融机构、食品制造、零售电商、医疗制造、交通检测均需要通过大数据项目来做各种数据的分析与处理。相关的从业专家也一般被划分为大数据系统研发类、大数据应用开发类、大数据分析类。成为大数据行业从业人员同样需要具备多种交叉学科的知识储备，以统计学、数学、计算机为三大支撑性学科，以生物、医学、环境科学、经济学、社会学、管理学为应用拓展性学科。此外，还需要学习数据采集、分析、处理软件、数学建模软件及计算机编程语言等。

如果你想成为元宇宙里的视觉效果专家

不论是实现虚拟身份，还是沉浸式体验，美术造诣是缔造元宇宙视觉体验的艺术基础，色彩丰富的虚拟场景和角色都需要大量美术人才方能实现，元宇宙非常需要能实现优质视觉效果的美术类、技术类人才。从事这方面的人员多是计算机图形学、游戏设计专业、动画专业背景。从业能力既包括技术也包括艺术，需要涵盖利用计算机技术进行的所有视觉艺术创作。一些专业院校开设的课程包括全景拍摄技术、程序设计基础、VR 导论、多媒体界面设计与制作、VR 设备应用、交互式动画设计、VR 专项实训、VR 程序设计、三维场景设计、商品虚拟展示、VR 引擎开发、VR 制作技术、全景视频制作等。

如果你想对付元宇宙里的黑客，保护大家的信息安全

元宇宙中的数字安全问题非常重要！元宇宙需要大量采集数据，而这将使个人信息安全存在风险。同时元宇宙里也会和现实生活中一样，由各种各样的应用软件为我们提供便利的生活服务，因此账号被攻击、身份被盗用、木马软件等安全问题几乎都会在元宇宙里重演，网络安全变得跟每个人更加息息相关。

从事网络安全保护的相关从业人员一般毕业于信息安全专业。虽然不同大学信息安全专业开设的课程，由于教研的侧重方向不同而有所差异，但主要的核心课程大致趋同：程序设计与问题求解、离散数学、数据结构与算法、计算机网络、信息安全导论、密码学、网络安全技术、计算机病毒与防范等。高级网络安全工程师要求的知识面会非常广泛，因为安全是一个全方面的系统，一点疏忽就会造成漏洞。想要成为高水平的网络安全的相关从业人员，应该学习的相关知识还有 PKI（公共密钥基础设施）技术、安全认证技术、安全扫描技术、防火墙原理与技术、入侵检测技术、数据备份与灾难恢复、数据库安全、算法设计与分析等。

如果你想成为人工智能技术的行业精英

人工智能作为元宇宙的核心支撑技术，将为元宇宙赋予智慧的"大脑"以及创新的内容。当前，在底层算力提升和数据资源日趋丰富的背景下，人工智能对各种应用场景的赋能不断改造着各个行业。因此人工智能行业被视为发展前景最好的行业之一。人工智能行业人员需要拥有大量的专业知识，具备计算机科学基础，并有心理学、哲学等多学科融合的知识储备。目前国内一部分高校在本科阶段开设了人工智能专业，基础学科部分主要涉及数学和物理相关课程；计算机基础课程主要涉及编程语言、操作系统、算法设计等课程；人工智能基础课程则涉及人工智能基础、机器学习、控制学基础、神经科学、语言学基础等内容；同时还会开展人工智能平台相关知识的学习，等等。

如果你想助力万物智联，入局物联网技术行业

万物互联是物联网技术的终极目标，是元宇宙实现虚实相融体验的技术保障。作为国家倡导的新兴战略性产业，物联网备受重视，并成为就业前景广阔的热门领域。物联网是一个交叉学科，涉及通信技术、传感技术、网络

技术以及 RFID（射频识别）技术、嵌入式系统技术等多项技术领域。因此从事物联网行业的人员，除掌握物联网及其相关的计算机、通信、传感领域知识外，还需掌握数学和其他相关的自然科学基础知识，是具备通信技术、网络技术、传感技术等信息领域专业知识的高级工程技术人才。

目前各大院校开设的物联网工程专业，知识体系包括通识类知识、学科基础知识、专业知识和实践性教学等内容。通识类知识包括人文社会科学类、数学和自然科学类两部分；学科基础知识包括程序设计、数据结构、计算机组成、操作系统、计算机网络、信息管理，包括核心概念、基本原理以及相关的基本技术和方法；专业知识教学内容包含电路与电子技术、标识与感知、物联网通信、物联网数据处理、物联网控制、物联网信息安全、物联网工程设计与实施等知识领域的基本内容。需要注意的是不同学校的物联网工程专业所授课程侧重点不同，所学习的科目不同。有的侧重软件，有的侧重硬件，所以就业大致分为软件方向和硬件方向。

现在大家应该初步了解元宇宙行业的一些情况了，对一些行业建设所需要的知识储备范围也有了基本的认识。接下来，我希望大家能够好好地审视自己、思考未来，找到那个最符合自己志向和兴趣的发展方向。

要成为各行业的出色专家，还需要大家在明确的志向和目标下，以优秀的学习品质，持之以恒的态度，积极汲取知识、完善知识体系、拓展实践能力。祝愿大家早日成为一名具有使命感、责任感的优秀元宇宙建设者！

烧脑时刻

上面的知识，是否让你开始主动思考自己的未来规划呢？

我的元宇宙我做主

 现在我们要着手设计自己的元宇宙数字空间了！

 你们几个小伙伴有初步的想法了吗？

 我特别喜欢恐龙，想设计一个恐龙世界！

 我喜欢植物和各种美丽的花，想设计个美丽的植物世界！

 我想设计一个未来都市！

 我喜欢魔法，当然想设计一个魔法城市！

 小天，你呢？

 我想看看火星是不是可以变成下一个地球，那样人类就可以多一个家园。

哇，小天，你这个想法好棒啊！我们可以跟你一起吗！

 当然可以，欢迎大家，一个完美的元宇宙是所有建设者共同努力的结果。

 打造元宇宙数字世界，以创意思维为基石，以数字信息为材料，既可以模拟现实生活，也可以开辟天马行空的新天地，你们一定会为之而着迷的！

 大家甚至可以把恐龙世界、植物世界、未来都市、魔法城市，都设计建造在火星上！

 感觉每个人都像漫画书里的宇宙主宰一样，设定自己宇宙的范围和时间的跨度。

 但我们可不要像漫威里的灭霸一样，轻易打响指哦！

 梅涩甜姐姐，我们到底应该从什么地方开始呢？

 我建议大家先从打"草稿"开始！在建设元宇宙数字世界之前，我们可以先整理出大概的设计思路，然后再逐步地完善它！

 嗯，我来起草个问卷式的工具表吧。通过这种尝试，也许大家可以先整理一下设计思路，看看每个人心中的元宇宙数字世界，到底是什么样子的！

元宇宙数字世界设计创想草稿

元宇宙数字世界名称：_____

1. 你的元宇宙数字世界，打算放在什么位置？

☐不可观测宇宙　☐可观测宇宙　☐室女座超星系团　☐银河系　☐古尔德带　☐太阳系

☐地球　　　　　☐异次元空间

其他：_____

2. 你打算建设一个多大尺寸的元宇宙数字世界？

☐ 100 亿光年　☐ 10 亿光年　☐ 100 光年　☐ 10 光年　☐盾牌座 UY 等大　☐太阳等大

☐火星等大　　☐月球等大　　☐亚洲等大　☐中国等大　☐北京等大

其他：_____

3. 你的元宇宙数字世界的生态环境是什么样的？

大气环境：☐地球大气　　☐火星大气　　☐宇宙真空　　☐其他_____

温度环境：☐ 1000℃　　☐ 200℃　　☐ 20℃　　☐ –100℃　　☐其他_____

季节变换：☐四季分明　　☐四季恒温　　☐四季酷暑　　☐四季严寒　　☐其他_____

水资源情况：☐淡水　　　☐冰川　　　☐海水　　　☐其他形态的水_____

环保情况：☐完美环境　　☐碳中和进行中　　☐中度污染　　☐毁灭边缘　　☐其他_____

生物种类：☐植物　　　☐动物　　　☐微生物　☐其他_____

生物多样性：☐ 5000 万种　　☐ 3000 万种　　☐ 1000 万种　　☐ 500 万种

其他：_____

4. 你的元宇宙数字世界里，社会形态大致是什么样的？

生命形态：☐外星人　　☐地球人　　☐机器人　　☐超级英雄　　☐怪兽　　　☐其他_____

生命数量：☐ 100 亿　　☐ 50 亿　　☐ 15 亿　　☐ 1 亿　　　☐其他_____

国家数量：☐ 200 个　　☐ 150 个　　☐ 100 个　　☐ 50 个　　☐其他_____

城市数量：☐ 1 万个　　☐ 1000 个　☐ 100 个　　☐ 10 个　　☐其他___ _____

社区数量：☐ 1 万个　　☐ 1000 个　☐ 100 个　　☐ 10 个　　☐其他_____

经济结构：☐农业　　　☐工业和建筑业　☐流通和服务业　　☐其他_____

金融结构：☐物物交换　☐货币交换　　☐数字货币　　　☐其他_____

治安情况：☐良好　　　☐一般　　　☐较差　　　☐其他_____

其他项目：_____

5. 你的元宇宙数字世界里，能体验到什么样的生活？

吃：☐常规食物　　☐天然食品　　☐人造食物　　☐能量棒补给　　☐其他_____

穿：☐常规服饰　　☐未来感服饰　　☐可穿戴设备　　☐其他_____

住：☐常规住宅　　☐智慧住宅　　☐环保住宅　　☐其他_____

行：☐常规出行　　☐智能自动驾驶汽车　　☐飞行舱　　☐时空穿梭　　☐其他_____

教育：☐常规学校　☐元宇宙沉浸式教育　☐在线教育　☐一对一教育　　☐其他_____

其他项目：_____

6. 你的元宇宙数字世界里，文化形态是什么样的?

文明：□地球文明　　□外星文明　　□自创文明　　　□其他＿＿＿＿＿＿＿＿＿＿＿＿＿

语言：□地球语言　　□外星语言　　□其他＿＿＿＿＿＿＿＿＿＿＿＿＿＿＿＿＿＿＿＿＿

文化：□东方文化　　□西方文化　　□外星文化　　　□其他＿＿＿＿＿＿＿＿＿＿＿＿＿

艺术：□文学　　　　□音乐　　　　□美术　　　□舞蹈　　　□影视　　□其他＿＿＿＿＿＿＿

其他：＿＿＿＿＿＿＿＿＿＿＿＿＿＿＿＿＿＿＿＿＿＿＿＿＿＿＿＿＿＿＿＿＿＿＿＿＿＿＿

7. 你的元宇宙数字世界建设，需要用到哪些技术?

□大数据　　□云计算　　□区块链　　□5G/6G 网络信息技术　　□人工智能　　□物联网

□其他＿＿＿＿＿＿＿＿＿＿＿＿＿＿＿＿＿＿＿＿＿＿＿＿＿＿＿＿＿＿＿＿＿＿＿＿＿＿

8. 你在元宇宙数字世界里，想完成什么样的任务?

□工作　　　□生活　　　□训练　　　□体验

□创新　　　□探索　　　□拼搏　　　□其他＿＿＿＿＿＿＿＿＿＿＿＿＿＿＿＿＿＿＿＿

9. 设计一个发生在元宇宙数字世界里的故事，你对什么内容感兴趣?

□喜剧　　　□科幻　　　□动作　　　□战争

□历史　　　□侦探　　　□悬疑

□其他：＿＿＿＿＿＿＿＿＿＿＿＿＿＿＿＿＿＿＿＿＿＿＿＿＿＿＿＿＿＿＿＿＿＿＿＿＿

10. 设计元宇宙数字世界，你有哪些创新、创造?

＿＿

＿＿

＿＿

＿＿

＿＿

11. 根据上面梳理的内容，简述一下你的元宇宙数字世界建造设想吧!

＿＿

＿＿

＿＿

＿＿

＿＿

欢迎加入元宇宙设计交流社区

 这个"元宇宙数字世界设计创想草稿"可真好用呀！很多东西我都没想到！

 我还有一些别的想法，这里怎么没提到呢？

 对于大多数想设计元宇宙的小朋友来说，开始一定觉得："我能设计出一个最棒的元宇宙。"而真正开始设计的时候，可能又会发现："哎呀！其实一点儿不容易！我真是完全不知道从哪里下手。"这个时候，希望这个"草稿"能为大家的设计，提供一个基础的框架，引导你们慢慢进入构思自己的元宇宙的过程。"草稿"的作用仅是引导设计思路，大家可以在此基础上，拓展出像宇宙一般没有尽头的精彩想象。

而且，我还有一个好主意！人多力量大！当我们觉得自己没思路或者陷入思考困境的时候，我们是可以找一群志同道合的好朋友来帮忙，一起去设计元宇宙的！

我们将为大家建立一个青少年元宇宙设计交流社区。交流社区将定期举办元宇宙设计沙龙。大家可以在这里与我们沟通，还可以结交到好朋友，一起建设元宇宙！

扫描二维码，加入元宇宙社区。同时我们也希望大家在设计的过程中，积极参与完善元宇宙数字世界设计创想草稿并开发出各种新工具，在提升自己的同时，也可以帮助更多的小朋友迈入元宇宙创想世界！

对于元宇宙的初步介绍，到这里就要告一段落了！

对于未知世界的好奇和不断探究，是人类的本性！这也是大家对元宇宙如此向往，想要了解元宇宙的原因之一。

而好奇之后的探索，探索之后的系统思考，思考之后的积极尝试，在尝试中不断挑战极限，突破极限。这是人类立足于世界的根本。

最后，送给大家一段习近平爷爷对青少年儿童的寄语，以此共勉！

"时代总是不断发展的，等你们长大了，生活将发生巨大变化，科技也会取得巨大进步，需要你们用新理念、新知识、新本领去适应和创造新生活，这样一个民族、人类进步才能生生不息！"

现在我要给大家提出最后两个问题啦！欢迎大家认真思考，并找到解决问题的好办法！

1. 为了保护美丽的地球家园，如何在你的元宇宙设计里开展一个促进绿色环保、低碳排放的宣传项目？

2. 为了推动世界共同发展、构建人类命运共同体，如何在你的元宇宙设计里，体现出这个主题？

"自古英雄出少年"，
让我们从现在出发，
一起创造元宇宙世界的无限可能！

参考文献

［1］赵国栋，易欢欢，徐远重. 元宇宙［M］. 北京：中译出版社，2021.

［2］清华大学新媒体研究院. 2020—2021年元宇宙发展研究报告［R］. 2021.

［3］IMT-2020(5G)推进组. 5G愿景与需求白皮书［R］. 2014.

［4］IMT-2030(6G)推进组. 6G总体愿景与潜在关键技术白皮书［R］. 2021.

［5］斯图尔特·罗素，彼得·诺文. 人工智能：一种现代方法（第3版）［M］. 姜哲，金奕江，张敏等译. 北京：人民邮电出版社，2010.

［6］头豹AI研究院. 2021中国人工智能大趋势及大事件洞察报告［R］. 2021

［7］中国电子技术标准化研究院，中国科学院自动化研究所，北京理工大学，清华大学，北京大学，中国人民大学等. 人工智能标准化白皮书（2018版）［R］. 2018.

［8］中国信息通信研究院. 区块链白皮书（2021年）［R］. 2021.

［9］中国信息通信研究院. 云计算白皮书［R］. 2022.

［10］中国信息通信研究院. 大数据白皮书(2021年)［R］. 2021.

［11］中国信息通信研究院. 物联网白皮书（2020）［R］. 2020.

［12］北京大学汇丰商学院和安信证券. 元宇宙2022——蓄积的力量［R］. 2022.

［13］中国人民银行数字人民币研发工作组. 中国数字人民币的研发进展白皮书（2021）［R］. 2021.

［14］中国人工智能产业发展联盟总体组，中关村数智人工智能产业联盟数字人工作委员会. 2020年虚拟数字人发展白皮书［R］. 2020.

［15］工业和信息化部运行监测协调局. 2021年通信业统计公报［DB/EB］. 2022.

［16］阿尔伯特·爱因斯坦. 我的世界观［M］. 方在庆，译. 北京：中信出版社，2018.

［17］尤瓦尔·赫拉利. 人类简史：从动物到上帝［M］. 北京：中信出版社，2012.

［18］尤瓦尔·赫拉利. 未来简史：从智人到智神［M］. 北京：中信出版社，2015.

［19］安·德鲁扬. 宇宙2：万物从何而来［M］. 北京：北京联合出版公司，2020.